阿拉善草原牲畜有毒有害植物中毒病防治实用技术

李国中　主编

西北农林科技大学出版社
Northwest A&F University Press
·杨凌·

图书在版编目（CIP）数据

阿拉善草原牲畜有毒有害植物中毒病防治实用技术 / 李国中主编. —杨凌：西北农林科技大学出版社，2023.1

ISBN 978-7-5683-1222-6

Ⅰ. ①阿…　Ⅱ. ①李…　Ⅲ. ①草原—家畜—中毒性疾病—防治—阿拉善左旗　Ⅳ. ①S856.9

中国国家版本馆CIP数据核字（2023）第018227号

阿拉善草原牲畜有毒有害植物中毒病防治实用技术

李国中　**主编**

出版发行	西北农林科技大学出版社
地　　址	陕西杨凌杨武路3号　　**邮　编**：712100
电　　话	总编室：029—87093195　**发行部**：029—87093302
电子邮箱	press0809@163.com
印　　刷	西安浩轩印务有限公司
版　　次	2023年1月第1版
印　　次	2023年1月第1次印刷
开　　本	787 mm × 1092 mm　1/16
印　　张	8.25
字　　数	126 千字

ISBN 978-7-5683-1222-6

定价：36.00 元

编 写 人 员

主　编: 李国中

副主编: 朱莉仙　付登胜　沙日扣　乌云嘎　达能太

编　者: (按姓氏笔画排序)

马永嘉(阿左旗动物疫病预防控制中心)

王燕(阿拉善左旗农牧业综合行政执法大队)

乌云嘎(阿左旗草原工作站)

乌林花(阿左旗动物疫病预防控制中心)

六十(阿左旗动物疫病预防控制中心)

巴图(阿左旗温都尔勒图镇综合保障和技术推广中心)

巴依尔太(阿左旗银根苏木综合保障和技术推广中心)

巴雅尔(阿左旗超格图呼热苏木综合保障和技术推广中心)

付登胜(阿左旗动物疫病预防控制中心)

达能太(阿左旗动物疫病预防控制中心)

朱莉仙(阿拉善盟动物疫病预防控制中心)

伊特格勒(阿左旗乌力吉苏木综合保障和技术推广中心)

祁晓燕(阿左旗腾格里额里斯镇综合保障和技术推广中心)

红梅(阿左旗动物疫病预防控制中心)

苏日拉格(阿左旗银根苏木综合保障和技术推广中心)

李卉(阿左旗动物疫病预防控制中心)

李国中(阿左旗动物疫病预防控制中心)

李明哲(阿左旗巴润别立镇综合保障和技术推广中心)

李忠海 (阿左旗农业技术推广中心)

李泉荣(阿左旗巴润别立镇综合保障和技术推广中心)

杨心如（阿左旗动物疫病预防控制中心）
何新梅（阿左旗动物疫病预防控制中心）
沙日扣（阿左旗银根苏木综合保障和技术推广中心）
宋布尔巴图（阿左旗巴彦浩特镇综合保障和技术推广中心）
张文军（阿左旗巴润别立镇综合保障和技术推广中心）
张全文（阿右旗动物疫病预防控制中心）
张钧德（阿左旗动物疫病预防控制中心）
陈金花（阿左旗农牧业综合行政执法大队吉兰泰中队）
明亚娟（阿左旗农畜产品质量安全中心）
周乐（新疆喀什地区草原站）
周燕萍（阿左旗巴彦浩特镇综合保障和技术推广中心）
宝花（额济纳旗动物疫病预防控制中心）
孟柯其其格（阿左旗动物疫病预防控制中心）
胡毕斯哈勒图（阿左旗嘉尔嘎勒赛汉镇综合保障和技术推广中心）
胡瑛兵（阿左旗腾格里额里斯镇综合保障和技术推广中心）
钟文俊（阿左旗动物疫病预防控制中心）
姜新基（阿左旗动物疫病预防控制中心）
莫日根别力格（阿左旗动物疫病预防控制中心）
徐创美（阿左旗动物疫病预防控制中心）
曹春花（额济纳旗动物疫病预防控制中心）
曹勒孟其其格（阿左旗敖伦布拉格镇综合保障和技术推广中心）
崔永福（阿左旗敖伦布拉格镇综合保障和技术推广中心）
崔阿拉腾乌拉（阿左旗巴润别立镇综合保障和技术推广中心）
彭丽娟（阿左旗动物疫病预防控制中心）
朝克图（阿左旗吉兰泰镇综合保障和技术推广中心）
路德胜（阿左旗宗别立镇综合保障和技术推广中心）

审　阅：赵宝玉（西北农林科技大学动物医学院）
蒙古名翻译：乌云嘎　孟柯其其格　沙日扣　红梅

序

阿拉善荒漠草原位于内蒙古自治区的最西部，地处我国干旱半干旱生态区，是我国北方生态安全屏障的重要组成部分，地理位置十分重要。然而长期以来，受全球气候变化，以及草原的不合理利用和人为过度干扰的影响，阿拉善草原生态变得极其脆弱，生态环境持续恶化。使得阿拉善草原植被覆盖度低下，裸露和沙化或退化面积逐年增加，植物种群结构失调，可食牧草减少，而有毒有害植物种类、面积增大，导致草原生产力降低。特别是草原牧区牲畜有毒植物中毒病多发、频发，甚至暴发，给牧民的生产和生活造成严重影响。

李国中同志针对阿拉善草原牧区牲畜有毒植物中毒病防控难的实际问题，结合自身长期在基层旗县级动物疫病预防控制中心从事动物疾病预防与控制、重大动物疫情应急处置、动物疫情监测预报、动物产品质量安全和动物卫生监督的工作经验，组织编写了《阿拉善草原牲畜有毒有害植物中毒病防治实用技术》一书。这部著作立足阿拉善实际，比较系统地介绍了阿拉善荒漠草原有毒有害植物的种类、形态特征、分布与生境、毒性灾害发生历史以及牲畜常见有毒有害植物中毒病防治技术、综合诊断与综合防控等内容，特别是对每种有毒有害植物的形态特征、生长在什么样的环境、分布在阿拉善的哪些苏木镇、曾经在哪些苏木镇发生过中毒事件、这些植物具有何种利用价值等进行了详细表述，并附有植物彩色照片。著作力求突出科学性、实用性和科普性，通俗易懂，特别适合基层一线畜牧兽医草原技术人员和广大农牧民阅读使用。

李国中同志现任内蒙古阿拉善左旗动物疫病预防控制中心主任，主要从事阿拉善左旗动物疫病预防与控制、重大动物疫情应急处置、动物疫情监测预警和动物产品质量安全等工作。特别是近年来在中华全国总工会和阿拉善盟、阿拉善左旗工会的大力支持下，创办了阿拉善左旗动物疫病预防控制中心职工创新工作室，积极开展职工劳动技能竞赛、职工技能培训、科技助力产业扶贫和科普宣传等。他长期扎根基层一线，既是兽医事业单位的管理者，又是一位务实肯干、善于钻研业务、勤于总结的旗县级专业技术型学者。相信这部著作的出版能够为阿拉善草原生态文明建设、草原生态保护与修复、草地畜牧业健康可持续发展和农牧民增收做出更大贡献。

赵宝玉

2022年9月

前　言

阿拉善属于荒漠草原，草原畜牧业是传统产业，也是基础和优势产业。为了畜牧业的高质量发展，也为了乡村振兴，阿拉善的发展离不开草原畜牧业。

阿拉善草原有很多有毒有害植物，2012年国家农业部“十二五”公益性行业（农业）科研专项“草原主要毒害草发生规律与防控技术研究”项目，对阿拉善的有毒有害植物的种类、分布、危害进行了深入调查。经调查，阿拉善荒漠草原有毒有害植物共有41科106属246种，其中有毒植物31科74属166种，有害植物10科32属80种。本书共涉及27科47属78种。

本书对阿拉善，特别是以阿拉善左旗（简称阿左旗）为主，从有毒有害植物中毒防治方面，介绍了阿左旗境内历史上曾经在哪些苏木镇发生过有毒植物中毒事件，当时是怎样防治的。这种植物的形态特征、生长环境是什么样的，都以图片的形式展现给大家。有毒有害植物普遍都有药用价值，但多年来中兽医中兽药逐渐淡出人们的视野，随着新冠疫情的暴发，中医药被国家逐步重视起来，从认识这种植物开始，它有什么功效，向广大农牧民群众普及基本知识，特别是缺医少药的牧区，发挥中兽医的优势。本书突出“实用性、科普性、面向基层”的主题，没有单纯研究的内容，尽量不用外文符号，避免各类标题序号层次过多，力求使本书具有普及有毒有害植物及放牧牲畜中毒防治实用技术的价值。

本书在编写和出版过程中，西北农林科技大学赵宝玉教授审阅了书稿，同时还为书稿撰写了序。本书撰写过程中参考了刘建枝、赵宝玉、达能太等学者的文献资料，在此一并表示感谢！

本书在编写过程中，由于时间仓促，加之作者水平和经验有限，书中仍然存在缺点和不足，恳请广大读者批评指正。

编　者

2022年9月

目　录

第一章

阿拉善畜牧业的基本概况

一、阿拉善概况

阿拉善位于内蒙古最西端，地处典型的内陆干旱区，属温带荒漠气候，自然条件极为恶劣，生态环境极其脆弱。地形南高北低，地貌单元较为复杂，主要为戈壁、沙漠、湖盆、低山丘陵等，东、南、西部分别被贺兰山、龙首山、马鬃山所环绕，北部被蒙古高原所阻隔。

从大地貌看，阿拉善荒漠区是一个三面环山，西部与新疆荒漠相通的半闭合内陆盆地。著名的乌兰布和、巴丹吉林和腾格里三大沙漠横贯全境，占内蒙古自治区总面积的30.92%。境内水源十分缺乏，唯一的水系为内流河弱水（黑河），最终注入居延海。气候为典型的高原大陆性气候，冬季严寒、干燥，夏季酷热，风力强劲，昼夜温差大，极端最低气温-36℃，最高气温42℃。年降水量45～215毫米，年蒸发量3000～4700毫米。

自然环境主要以沙漠及砾石戈壁为主，额济纳居延绿洲、贺兰山水涵养林和横贯东西阿拉善全境的梭梭林带是阿拉善荒漠地区的3座绿色屏障。贺兰山自然保护区1992年被国务院批准为国家级自然保护区，同年11月被中国生物多样性保护协会认定为温带地域的森林生态系统的优先保护区。居延绿洲的额济纳旗七道桥胡杨林保护区1992年被认定为具有国内意义的荒漠生态保护点，2001年获批国家级自然保护区。

阿拉善盟总面积27万平方公里，总人口25万人，是内蒙古自治区面积最大、人口最少的盟市。全盟辖阿拉善左旗、阿拉善右旗和额济纳旗3个旗，阿拉善高新技术产业开发区、乌兰布和生态沙产业示范区、腾格里经济技术开发区和策克口岸经济开发区4个自治区级开发区，共有31个苏木镇，199个嘎查村。

二、阿拉善有毒有害植物与草原畜牧业

（一）植物资源状况

阿拉善野生植物以旱生、超旱生、盐生和沙生荒漠植物为主，现有野生植物900余种。其中被列入《内蒙古珍稀濒危保护植物名录》的有45种。

表1–1　阿拉善植物资源种类

植物类别	植物种属
一级保护植物	梭梭、胡杨、肉苁蓉、四合木、绵刺、沙冬青6种；
二级保护植物	斑子麻黄、裸果木、蒙古扁桃、大叶细裂槭、甘草、文冠果、贺兰山丁香、脓疮草、百花蒿9种；
三级保护植物	沙木蓼、阿拉善沙拐枣、荒漠黄蓍、贺兰山棘豆、内蒙古棘豆、阿拉善黄芩、阿拉善单刺蓬、贺兰山女娄莱、蒙新久苓菊、贺兰山稀花紫堇、贺兰山南芥、阿拉善沙芥、阴山芥、针枝芸香、长叶红砂、内蒙古邪蒿、阿拉善点地梅、互生叶醉鱼草、白麻、贺兰山玄参、内蒙古野丁香、戈壁短舌菊、贺兰山女蒿、阿拉善风毛菊、戈壁藜、瓣鳞花、甘青侧金盏花等30种。

（二）草原状况与草原类型

阿拉善草原属典型荒漠草原，拥有天然草原面积1744.87万公顷，占阿拉善土地总面积的64.40%，可利用草地面积为1011.16万公顷。草原类型分为高寒草地类、温性草原类、温性荒漠草原类、温性草原化荒漠类、温性荒漠类和低地草甸类6大类，以荒漠和草原化荒漠为主，占草地总面积的96.2%。东部有贺兰山，全长250公里，是中国季风影响范围的西界；南部龙首山、合黎山为河西走廊的北部屏障；西部马鬃山群山分布；中部狼山余脉哈鲁乃山、罕乌拉山和巴彦乌拉山、雅布赖山自东北向西南插入，将阿拉善高平原分为东、西两大块。

（1）高寒草地类。分布在海拔3000米以上的贺兰山平缓坡地。该草地以中生性草本植物为主，主要建群种和优势种植物有高山嵩草、嵩草、矮生蒿

草、紫喙苔草、早熟禾、火绒草等。主要灌木有鬼箭锦鸡儿、小叶金露梅、银露梅、高山柳等。

（2）温性草原类。分布在贺兰山南段海拔1800～2000米的一条带状地区，其上部为高山草甸和山地森林灌丛，下部为荒漠草原植被。植被由旱生多年生草本植物和小半灌木组成，主要建群种和优势种植物有冷蒿、克氏针茅、短花针茅、百里香、刺旋花等。

（3）温性荒漠草原类。主要分布在贺兰山北段和罕乌拉山及狼山海拔1400～2000米的砾石山地以及桃花山、龙首山海拔2200米以上的山地。上部为温性草原，下部为温性草原化荒漠。草地植被以旱生丛生小禾草和小半灌木为主，主要建群种和优势种植物有戈壁针茅、小针茅、糙隐子草、蒙古扁桃等。

（4）温性草原化荒漠类。主要分布在狼山余脉、罕乌拉山、桃花山和龙首山以南的大部分地区。植被以荒漠成分为主，伴生有丛生禾草，主要建群种和优势种植物有合头藜、蒙古扁桃、驼绒藜、柠条锦鸡儿、霸王、白刺、沙冬青、刺叶柄棘豆等。

（5）温性荒漠类。主要分布在狼山余脉和罕乌拉山至桃花山及龙首山以北的广大地区。草地植被稀疏，种类单一，以超旱生灌木和半灌木为草地的建群种和优势种，主要有红砂、绵刺、珍珠柴、球果白刺、沙蒿、白刺、沙冬青、盐爪爪、梭梭等。

（6）低湿草甸类。属非地带隐域性植被，多分布在河滩地、河流两岸和湖盆地带。植被为盐化草甸，植株生长繁茂，多数成为大漠中的绿洲。以稀疏灌木、乔木和高大禾草为草地的建群种和优势种，主要有芨芨草、芦苇、沙枣等。

其中，阿拉善左旗天然草原分为6大类即山地草甸类、温性草原类、温性荒漠草原类、温性草原化荒漠类、温性荒漠类和低地草甸类。草原上生长的各类植物约1074种，其中饲用植物492种。天然草原面积509.02万公顷，可利用草原面积378.48万公顷。阿拉善右旗天然草原分为5大类即山地草原草场类、山地草原化荒漠草场类、山地荒漠草场类、丘陵荒漠草场类和高平原荒漠草场类。草原上生长的各类植物约482种，其中饲用植物80种。天然草原面积504.46万公顷，可利用草原面积464.20万公顷。阿拉善额济纳旗天然草原分为戈壁、沿河、沙漠和湖盆4类草场。全旗最好的草地集中分布于额济纳河沿岸。草原上生长的各类植物约612种，其中饲用植物153种。天然草原面积362.29万公顷，可利用草原面积276.4万公顷。

（三）草原畜牧业现状

阿拉善双峰驼和白绒山羊是阿拉善两大优势畜种，素有“中国骆驼之乡”的美称。牲畜存栏情况，2014年全盟牲畜存栏168.93万头（只）；2015全盟牲畜存栏176.10万头；2016年全盟牲畜存栏175.89万头（只）；2017年全盟牲畜存栏149.45万头（只）；2018年全盟牲畜存栏102.6万头（只）；2019年全盟牲畜存栏110万头（只）；2020年全盟牲畜存栏115.66万头（只）；2021年全盟牲畜存栏127.29万头（只）。全盟年平均冷暖季理论载畜量为195.86万羊单位。

阿拉善左旗划定两个双峰驼保护区即北部戈壁保护区和南部腾格里沙漠保护区，保护区总面积394.27万公顷，核定载畜量为47.48万绵羊单位，保护区内现有牲畜39.6万头只。阿左旗白绒山羊品种资源保护区建在北部敖伦布拉格镇、吉兰泰镇和巴彦诺日公苏木的20个嘎查，保护区总面积为252.47万公顷，核定载畜量为33万绵羊单位。保护区现存栏白绒山羊26.3万只。

第二章

阿拉善有毒有害植物种类与分布

一、阿拉善有毒有害植物的基本情况

阿拉善草原植物有旱生、超旱生和耐碱性的灌木、半灌木，境内分布有以白刺、沙冬青、蒙古扁桃、霸王、柠条等为代表的珍稀野生植物种群，构成典型荒漠地区特有的植物资源。同时在这个广阔的荒漠草场上到处都有有毒有害植物的滋生蔓延，对牲畜危害极大。这些植物共同支撑着阿拉善的畜牧业，也保护着阿拉善的生态环境。根据统计，有毒有害植物遍及全盟各类草原，其中变异黄芪、小花棘豆、牛心朴子、苦豆子等主要有毒植物占全盟草场面积的30%以上，给阿拉善盟的畜牧业生产带来了巨大的灾难。

（一）有毒植物的危害

有毒植物是指在自然状态下以青饲或干草形式被牲畜采食后，可引起生理异常或功能障碍性中毒，轻则影响正常生活，重则导致死亡。其毒性大小因生境条件、利用方式、食入数量、采食对象以及该类植物的生育阶段等不同而有差异。如变异黄芪含有生物碱苦马豆素，牲畜采食可引起中毒。蒙古扁桃的有毒成分为扁桃苷，属氰苷类，在酶的作用下可生成剧毒的氰氢酸，其在幼苗、花和果实中的含量较高，牲畜采食后可引起急性中毒。但是其成熟枝叶没有毒性。在一般情况下牲畜对有毒植物有本能的识别能力，误食中毒多因饲草不足饥不择食所致。有毒植物被牲畜采食后，引起中毒是由于它含有生物碱、糖苷、皂苷、有机酸、挥发油、内脂和毒蛋白等化学物质。每种有毒植物所含的有毒化学成分并非一种，有的含有多种。按有毒植物所含某种有毒物质的性质和含量的多少，可把有毒植物分为以下几类：

1. 含生物碱为主的有毒物质。生物碱是一类含氮具有碱性的有机化合物，大多数有复杂的环状结构，氮素多包含在环内，有显著的生物活性。生物碱种类多，多数有剧毒，是有毒植物的主要成分。牲畜采食含生物碱的有毒植物后，会引起中枢神经系统和消化系统疾病。含生物碱的有毒植物主要有小花棘豆、变异黄芪、苦豆子、披针叶黄华、苦马豆、醉马芨芨草、曼陀罗、沙冬青、砂蓝刺头、蒺藜、达乌里龙胆、天仙子、青杞、宽苞棘豆、草麻黄、白蓝翠雀花、角茴香等。

2. 含糖苷类为主的有毒植物。糖苷含是糖或糖醛酸等与非糖物质通过其端基碳原子连接而形成的有机化合物。牲畜采食含有糖苷的有毒植物后，有毒糖苷在胃内酸性环境下水解后生成有毒物质，可引起心血管系统、中枢神经系统及胃肠消化系统等功能紊乱。含有糖苷的有毒植物主要有蒙古扁桃、苍耳、藓生马先蒿、红纹马先蒿、遏蓝菜、播娘蒿、独行菜、宽叶独行菜、杠柳、圆叶牵牛花等。

3. 含内酯类为主的有毒植物。内酯类化合物的毒性很强，如主要含原白头翁素和白头翁素等内酯类的毛茛科植物，牲畜采食后，会引起中枢神经系统和消化系统疾病。羊、牛、骆驼等反刍动物易中毒，马、驴、骡次之。含有内酯类的有毒植物有甘青铁线莲、芹叶铁线莲、黄花铁线莲及大瓣铁线莲、蓼子朴等。

4. 含有机酸类为主的有毒植物。有机酸主要有氰氢酸、酸模酸等。氰氢酸在植物体内借助酶的作用，由糖苷分解而成。有害有机酸可使牲畜窒息，以致引起各种疾病。含有机酸的有毒植物主要有蒙古扁桃、合头草等。

5. 含皂苷和挥发油为主的有毒植物。皂苷是甾醇类的衍生物，具有很强的刺激气味。挥发油具有芳香气味，按化学成分可分为饱和挥发油、不饱和挥发油及含硫挥发油。是由脂肪族、脂环族和芳香族组成的混合物。这两种物质具有强心作用，对牲畜中枢神经有强烈的刺激作用。牲畜采食含有这两种有毒物质的植物后，常引起中枢神经、肾脏及消化系统疾病。含这两种有毒物质的植物有亚洲百里香、细叶益母草等。

6. 含毒蛋白为主的有毒植物。毒蛋白是毒性很强的一种毒素。牲畜采食有毒蛋白的植物后，会引起心脏、肠胃消化系统疾病。含毒蛋白的有毒植物主要有麻叶荨麻和刺槐等。

（二）有害植物的危害

有害植物是指牲畜采食后因植株本身有特种物理、化学性状，影响牲畜健康或畜产品品质的植物。有害植物本身并不含有毒物质，可以为牲畜所采食，有些种是优质牧草，但是因其果实有特殊构造，放牧时能伤及畜体或危害畜产品。例如颖果基盘尖端具硬尖，能穿透羊的皮肉，造成皮肤创伤、扎伤牲畜的口腔，造成腮腺瘘、溃疡，或扎入被毛、皮肤，影响毛、皮革产品质量等；还有的植物果实有钩刺，容易黏附在被毛上，造成毛纺工业处理上的困难，如鹤虱、苍耳等；还有的植物果实具有带刺的棱角，常会扎伤畜蹄，造成蹄伤，如蒺藜等；还有的荒漠地带的豆科植物如锦鸡儿等，在集生成片的情况下，不但影响放牧，还会在羊群抓绒剪毛之前的放牧中，使绒毛大量挂失，严重影响绒毛产量，被列入有害植物。

还有些植物的花序具有柔毛，牲畜采食后会造成消化障碍。如分布于沙漠湖盆地区的禾本科植物芦苇，花序都带有柔毛，秋季打贮的干草被牲畜采食后，会团聚在胃肠消化道中，堵塞胃肠道，形成毛球病，对羔羊、犊牛的影响更为严重。某些植物含有某种化学物质，能影响乳品品质，如菊科的蒿属、百合科的葱属和某些含芳香物质的唇形科、伞形科植物，含多量酸类的蓼科植物，含多量可溶盐类的盐生植物等，乳用牲畜采食后，生产的乳和乳制品带有不正常的气味，这些植物对于产乳牲畜也是有害植物。

（三）有毒有害植物的开发利用

1. 药用价值：生长在阿拉善天然草原上的许多有毒植物都是药用植物，如变异黄芪、哈密黄芪、小花棘豆中的有毒成分苦马豆素是近几年发现的一种崭新的抗癌备选药物，它不仅具有直接杀伤肿瘤细胞作用，还可抑制肿瘤细胞转移，同时也能够刺激骨髓细胞的增殖，具有免疫调节活性。苦马豆素这种既能发挥抗肿瘤活性，又能提高机体免疫力的双重作用，有待于开发利用，为人类的健康服务。牛心朴子具有消炎、镇痛、抗癌、止咳、祛痰、平喘等药理活性；全草可作绿肥与杀虫药，秋季大量收割时，经切碎后撒在水稻田中，可使水稻增产并减少病虫害。苦豆子为我国传统中药材，种子入药有清热燥湿、解毒、止痛、杀虫等功效，主治痢疾、湿疹、牙痛、咳嗽等病症；根也可入蒙药，能化热、调元、燥“黄化”、表疹，主治瘟病、感冒发热、风热、痛风、游痛症、麻疹及风湿性关节炎等病症。蒙古扁桃种仁可代“郁李仁”入药。

2. 花卉植物：随着观念的更新和旅游业的蓬勃发展，人们对花卉的需求量日渐增加，我盟天然草地上部分有毒植物同时也是非常美丽的观赏植物，如射干、沙冬青、马蔺、刺叶柄棘豆和蒙古扁桃等，是极具开发和培育价值的野生花卉资源。

3. 造纸原料：有些有害植物可以制造纸张，如麻叶荨麻等。

4. 人类食用：有些有毒有害植物是阿拉善广大牧民喜食的菜类，如蒙古韭，随着人们生活水平的不断提高，蒙古韭也进入了巴音浩特等城镇，成为各类宴席中的必不可少的一道菜，更是纯天然的绿色食品，很有开发前景。随着经济的发展和科学技术的进步，将蒙古韭制作成罐头食品，可以销往国内各省区，甚至可以出口。

二、阿拉善有毒有害植物的研究历史

阿拉善草原有毒有害植物灾害问题，在20世纪50年代就有发生，但未引起人们的重视。20世纪90年代后期，阿拉善有毒有害植物灾害呈现频发或暴发，年直接经济损失达3000万元。到21世纪初期，草原生态环境持续恶化，有毒有害植物呈现蔓延趋势。有毒有害植物灾害频繁发生，引起各种新闻及网络媒体的广泛关注。2004年10月中央电视台农业频道以“斩断毒草杀手”为题，对阿拉善北部草原有毒有害植物灾害进行报道。2012年阿拉善左旗动物疫病预防控制中心参与了国家公益性行业（农业）科研专项“草原主要毒害草发生规律与防控技术研究”项目（2012—2016），对阿拉善草原毒害草种类、发生规律、演替趋势、环境响应及综合防控技术进行系统研究，并编辑出版《阿拉善荒漠草原有毒有害植物研究》专著。

三、阿拉善有毒有害植物的总体情况

截至2005年，阿拉善天然草原有毒有害植物分布面积343.43万公顷，其中，灾害发生面积139.3万公顷，严重灾害面积67.5万公顷。涉及有毒有害植物41科106属246种，约占阿拉善草原植物种类的83%，其中，有毒植物31科74属166种，有害植物10科32属80种。

表2-1　阿拉善荒漠草原有毒有害植物分布面积

行政区	草原面积/万公顷	可利用草原面积/万公顷	有毒有害植物分布面积/万公顷	有毒有害植物占可利用草原面积/%
阿拉善左旗	509.02	378.48	232.88	61.53
阿拉善右旗	504.46	464.20	100.69	21.69
额济纳旗	362.29	276.40	9.86	3.57
全盟（合计）	1375.77	1119.08	343.43	30.69

四、阿拉善常见有毒有害植物的种类与分布

在阿拉善荒漠草原，危害草原放牧牲畜最严重的优势有毒有害植物主要有豆科棘豆属小花棘豆、豆科黄芪属变异黄芪、豆科黄芪属哈密黄芪、豆科黄芪属了墩黄芪、禾本科芨芨草属醉马芨芨草、萝藦科鹅绒藤属牛心朴子、豆科槐属苦豆子和蔷薇科桃属蒙古扁桃8种。

表2-2　阿拉善荒漠草原主要有毒有害植物种类与分布

有毒有害植物种类	全盟有毒有害植物分布面积/万公顷	有毒有害植物占可利用草原面积/%	分布区
变异黄芪	178.07	15.91	全盟
牛心朴子	98.00	8.76	阿左旗南部
小花棘豆	54.30	4.85	全盟
醉马芨芨草	13.06	1.17	阿左旗东南部
哈密黄芪	15.37	1.37	额济纳旗
了墩黄芪			阿左旗西北部
苦豆子	6.87	0.61	全盟
蒙古扁桃	0.40	0.04	全盟

由于有毒有害植物具有抗逆性强、繁殖力高等特性，在全盟严重沙化、退化草原上都有程度不同的分布，约占全盟天然草原的30%以上。

表2-3 阿拉善荒漠草原几种主要有毒有害植物重灾区分布

有毒有害植物种类	重灾区分布
小花棘豆	阿左旗的巴彦木仁、查干布拉格、吉兰泰、温都尔勒图、腾格里额里斯、巴彦诺日公、额尔克哈什哈、超格图呼热；阿右旗的雅布赖、阿拉腾敖包、阿拉腾朝克、孟根布拉格、塔木素布拉格；额济纳旗的达来呼布、赛汉陶来、巴彦宝格德等苏木镇
变异黄芪	阿左旗的乌力吉、豪斯布尔都、额尔克哈什哈、巴彦诺日公、巴彦木仁、吉兰泰、查干布拉格、宗别立、敖伦布拉格、腾格里额里斯、银根、超格图呼热；阿右旗的阿拉腾朝格、雅布赖、阿拉腾敖包、曼德拉；额济纳旗的赛汉陶来、苏泊淖尔、马鬃山、温图高勒等苏木镇
哈密黄芪	额济纳旗的赛汉陶来、苏泊淖尔等苏木镇
了墩黄芪	阿左旗的银根、乌力吉等苏木镇
醉马芨芨草	阿左旗的宗别立、木仁高勒、布古图、巴润别立；阿右旗的阿拉腾朝克；额济纳旗的温图高勒等苏木镇
牛心朴子	阿左旗的巴彦浩特、巴润别立、嘉尔嘎勒赛汉、超格图呼热、腾格里额里斯等苏木镇
苦豆子	阿左旗的巴彦浩特、巴润别立、腾格里额里斯、吉兰泰、敖伦布拉格；阿右旗的孟根布拉格、巴丹吉林、雅布赖；额济纳旗的达来呼布、赛汉陶来等苏木镇
蒙古扁桃	阿左旗的巴润别立、嘉尔嘎勒赛汉、超格图呼热、腾格里额里斯、巴彦诺日公等苏木镇

第三章

阿拉善牲畜常见有毒有害植物中毒病防治

一、小花棘豆中毒

小花棘豆别名醉马草、醉羊草，为豆科棘豆属多年生草本植物，有毒，主要有毒成分为生物碱苦马豆素，牲畜采食后可引起慢性中毒。在阿拉善盟，小花棘豆分布于阿左旗的巴彦木仁、超格图呼热、温都尔勒图、额尔克哈什哈、吉兰泰、巴彦诺日公、腾格里额里斯；阿右旗的孟根、塔木素、树贵；额济纳旗的赛汉陶来、额很查干等苏木（镇）的部分草场。

（一）形态特征

小花棘豆主根粗，根系发达，分侧根，根深在1米以上；茎匍匐或斜升，多分枝，被白色平伏短毛；奇数羽状复叶，互生，小叶9～13片，长椭圆形，两面被灰色平伏柔毛；总状花序叶腋生，较叶长，花约30朵；花萼钟形，萼齿锥形；花冠蓝紫色，蝶形，龙骨瓣顶端具短喙；雄蕊10；子房具短柄，被毛；荚果下垂，披针状椭圆形，膨胀，密被白色短伏毛；花期7～8月，果期9～10月。常生长在雨量少、光照强的河滩草地、低洼地、干旱荒漠草原及沙漠地带的盐碱滩地，尤喜沙丘边缘的倾斜地带。

（二）牲畜中毒病发生情况

牲畜小花棘豆中毒病在阿左旗草原牧区的发病历史可追溯到20世纪80年代，每年都有一定数量的放牧牲畜发生小花棘豆中毒病的报道，如1988年调查，因小花棘豆中毒牲畜达2300头（只），约占发病地区牲畜总量的1.67%。

1998年调查，阿拉善左旗吉兰泰、红古尔玉林、罕乌拉、敖伦布拉格、图克木、银根、乌力吉、豪斯布尔都、查干布拉格、巴彦诺日公等苏木镇42个畜群发生小花棘豆中毒。据不完全统计，饲养羊56.16万只，马属动物3856匹，骆驼2.76万峰，其中发病中毒羊1.13万只，发病率20.12%，中毒死亡羊112只，死亡数占发病数的0.99%；骆驼中毒1411峰，发病率5.11%，死亡骆驼15峰，死亡数占发病数的10.63%；马属动物中毒392匹，发病率10.16%，死亡马属动物3匹，死亡数占发病数的0.77%，给广大牧民的生产和生活带来了极大的困难。

（三）牲畜中毒病流行特点

地区分布：小花棘豆中毒区主要发生在巴彦木仁的沿河地区巴音树贵和好来宝、庆格勒的查汗温都、乌素图的查汗布鲁格、巴彦诺日公的部分地区。

季节分布：小花棘豆中毒多发生于秋末冬初的11～12月份，死亡多见于冬末春初的2～3月份。夏、秋季节中毒较轻的羊只，因移牧而好转或自愈。但采食小花棘豆中毒过的牲畜在好转或自愈后，对该毒草有“嗜食癖”，来年继续采食小花棘豆，多以死亡转归。

畜群分布：各种食草牲畜不同年龄、不同性别采食小花棘豆均可发生中毒。其中，羊只发生较多，尤以1～2岁幼年羊较多。

（四）中毒症状

小花棘豆全草有毒，牲畜在采食小花棘豆的初期，增膘较快，当采食到一定量后则产生嗜食小花棘豆的现象，如继续采食，营养情况开始下降，被毛粗乱无光泽，进而出现以运动障碍为特征的神经症状，病畜体温正常或偏低。病至后期，食欲减少。随着机体衰竭程度的加重出现贫血、水肿及心脏衰弱，最后卧地不起以至死亡。病期一般在2～3个月，如采食小花棘豆的量大，也可在1～2个月内死亡。各种牲畜的症状不完全一致。

山羊：病初目光呆滞，对外界反应不敏感，迟钝，继而出现头部水平震颤，呆立时仰头缩颈，行走时后躯摇摆，步态蹒跚，追赶或急转弯时极易摔倒，放牧时不能跟群。被毛粗乱，无光泽。有些病羊表现抽筋样动作。后期多表现拉稀，以至脱水，卧地不起，出现心律不齐和杂音等症状，最后衰竭死亡。

绵羊：出现临床症状的时间较晚，表现为转圈、摇头、卧地不起等症状。怀孕母羊多流产或产仔孱弱，常有畸形。

马：病初行动缓慢，不愿走动，离群站立，食欲正常，以后腰背僵硬，行动困难，易惊。后期则头颈僵直，视力减退，步态蹒跚，容易跌倒，转弯困难。最后采食饮水困难，后肢麻痹，衰竭而死亡。

牛：主要表现精神沉郁，步态蹒跚，站立时两后肢交叉，视力减退，役用牛不听呼唤，有些病牛出现盲目转圈运动，后期消瘦。

骆驼：病初行动缓慢，呆立不愿走动，不合群、不听从主人的使唤，行为反常，牵拉时后退，拴系时骚动向后坐，四肢发颤而失去快速运动的能力。易受惊，摔倒后不能自行起立，继而出现步态蹒跚，饮水减少或停止，流泪，口吐白沫，继而行动缓慢、离群站立，腰背僵硬，行走困难。后期头颈僵直，视力减退，容易跌倒，转弯困难。一般体温、呼吸、脉搏均正常，后肢麻痹衰竭死亡。

（五）病理剖检变化

牲畜无典型的眼观病变。一般中毒牲畜消瘦、血液稀薄、皮下脂肪匮乏。口腔及咽部溃疡，心脏扩张，心肌柔软，心内膜有出血点和出血斑，腹腔内有多量清亮的液体，肝脏呈土黄色，个别淋巴结切面有出血斑，肾脏轻度水肿，膀胱空虚，脑膜充血。皮下结缔组织呈胶冻样浸润，甲状腺肿大。流产胎儿全身皮下水肿，子叶周围血液淤积、子宫血管供血不足。剖检中毒羊、骆驼，可见极度消瘦，口腔和咽部有溃灶，皮下和小肠黏膜有出血点，胃和脾与横隔膜粘连，肾呈土黄、灰白相间色，腹腔有大量淡黄色液体。

（六）诊断

根据牲畜有采食小花棘豆的病史，结合行走摇摆、头部呈水平震颤、提耳应激敏感、后躯麻痹等典型的临床症状及病理变化，即可做出诊断。

（七）防治措施

预防措施：预防是防止本病发生的关键，建议采取以下措施进行预防。

1. 转移牧场。将畜群移到无小花棘豆生长的草场放牧，是预防小花棘豆中毒的最有效方法。平时加强草场管理，避免在盛长小花棘豆的草场上放牧。

2. 人工挖除。为了创造安全牧场，可人工将有毒棘豆挖除，由于棘豆发芽部位多位于地表下2～3厘米深处，只有挖除深度达到地下10厘米，才不会再度发芽。落入土壤中的种子可数年不失发芽能力，因此，应在结荚前进行，并要连续挖除几年才能根除。也可使用药物除草，每年5～6月中旬，用0.5%2,4-嘀丁酯防除小花棘豆。

3. 经常饮用0.1%高锰酸钾水溶液也有较好的效果。

4. 应用“疯草灵”解毒散或缓释丸进行预防。羊、骆驼等牲畜采食小花棘豆时，在饮水中加入“疯草灵”解毒粉，每只羊1克，每峰骆驼10克，隔天饮水1次。

治疗措施：目前本病尚无特效疗法，建议在中毒病发生地区采取以下措施进行治疗。

1. 对中毒牲畜用15%硫代硫酸钠注射液，静脉或肌肉注射，一次量马、牛5～10克，羊、猪1～3克，每天1次，连用3～5天，有促进康复的作用。有条件时可配合使用25%葡萄糖注射液、10%维生素C注射液、5%维生素B_1注射液和2%肝泰乐注射液，静脉或肌肉注射。

2. 颈静脉放血500毫升后，静脉注射10%葡萄糖注射液100～300毫升，5%葡萄糖生理盐水注射液100～300毫升，或0.9%氯化钠生理盐水注射液300～500毫升，每日1次，连用4次。

3. 对已中毒牲畜采取移牧、精心护理、多饮水、输液、下泻、灌服酸奶子或食用醋等来解救。

4. 砖茶250克加水5000毫升煮沸，1小时后去掉茶叶加白糖200克，放凉灌服。隔日1次，连用3～4次。黄连100克，黄芩100克，大黄200克，加白糖200克煮沸后放凉灌服。每日1次，连用3～4次。甘草300加水2000毫升煮沸1小时放凉灌服，每日1次，连用2～3次。

二、变异黄芪中毒

变异黄芪俗名醉马草、醉羊草、瓜瓜草，为豆科黄芪属多年生草本植物，有毒，主要有毒成分为生物碱苦马豆素，牲畜采食后可引起慢性中毒。不仅引起中毒死亡，而且严重影响母畜繁殖，公畜发情等。在阿拉善盟，变异黄芪分布于阿拉善左旗的乌力吉、额尔克哈什哈、巴彦诺日公、银根、图克木、腾格里额里斯、巴彦木仁、吉兰泰、巴润别立、巴彦浩特；阿右旗的阿拉腾朝格、额日布盖；额济纳旗的吉日嘎郎图、赛汉陶来、苏泊淖尔等苏木镇。

（一）形态特征

变异黄芪株高10～30厘米，被灰白色伏贴毛；茎丛生，直立或稍斜升，有分枝；奇数羽状复叶，具11～15片小叶；叶柄短；小叶狭长圆形或线状长圆形，上面疏被白色伏贴毛，下面灰绿色，毛较密；总状花序生7～9花；花萼管状钟形，被黑白色混生的伏贴毛；花冠淡紫红色或淡蓝紫色；子房有毛；荚果线状长圆形，稍弯，两侧扁平，被白色伏贴毛，假2室；花期5～6月，果期6～8月。生于荒漠及半荒漠地带、干涸河床冲积沙质黄土上、半固定沙丘间、沙漠、戈壁。

（二）牲畜中毒病发生情况

变异黄芪中毒在阿左旗由来已久。每年均有一定数量的牲畜因采食变异黄芪而发生中毒。如1976年6月份巴彦浩特镇的扎海乌素、乌力吉等地羊发生中毒67只，死亡67只。1979年冬春原庆格勒公社的巴音布鲁格、乌西勒、敖立湖等地羊采食该毒草发生中毒3592只，死亡834只。其中，巴音布鲁格丁某羊群有羊321只，发病山、绵羊91只，死亡63只；孟某羊群有羊410只，发生中毒280只，死亡154只。1978年至1979年冬春，阿左旗三北羊场的卡尔库尔羊和原庆格勒公社巴音布鲁格队有羊540只，整个冬春放牧，所有羊只无一幸免，全部发生中毒，死亡528只，幸存12只，行走如醉酒状，失去种用功能而被淘汰。2003～2005年阿拉善左旗有20个苏木镇，865户20多万牲畜发生变异黄芪中毒，中毒发生率5%～7%。

（三）牲畜中毒病流行特点

地区分布：牲畜中毒主要发生在牧场上有大量变异黄芪生长的地区，在阿左旗变异黄芪主要生长在北部地区，如敖伦布拉格、庆格勒、红古玉林、图克木、银根、乌力吉、巴彦诺日公、豪斯布尔都、吉兰泰等地。阿左旗中部、南部地区很少有变异黄芪生长。

季节分布：变异黄芪有一种特殊的气味，一般年景牲畜不采食，只有在缺草或干旱年份，牲畜饥不择食时大量采食引起中毒。越是遇到干旱年份，可食牧草生长不良，甚至干枯，而变异黄芪有高抗旱能力，可在河床、沙丘、石砾地带大面积生长，放牧时若不避开变异黄芪丛生的草场，往往导致群发性中毒。牲畜采食变异黄芪后，毒素经消化道吸收进入血液而作用于神经系统，产生神经症状和运动功能障碍。易中毒动物有羊、驼、马、驴、骡等，其中以羊和驼发生该毒草中毒最多。

畜群分布：不同年龄、不同性别的各种牲畜大量采食该毒草后均可发生中毒。尤以山羊、绵羊、骆驼出现中毒者较多。此中毒有“成瘾性”，牲畜一旦中毒有追采该毒草的恶食癖性行为。

（四）中毒症状

变异黄芪全草有毒，尤以花期和果期毒性最大。主要危害羊和骆驼，牲畜采食后具有成瘾性。自然放牧羊一般在变异黄芪的草场采食变异黄芪15～20天出现中毒症状，呈现慢性经过。中毒初期有浮肿现象，以后急剧消瘦，全身摇摆，妊娠母畜流产，重者引起死亡。屠宰后肉皮的颜色变黄，肉质变坏。

山羊：病初目光呆滞，食欲下降，精神沉郁，呆立，对外界反应迟钝。中期则头部呈水平震颤，呆立时仰头缩颈，行走时后躯摇摆，步态蹒跚，追赶时极易摔倒，放牧时不能跟群，被毛逆立，失去光泽。后期出现拉稀，以至于脱水，被毛粗乱，腹下被毛手抓易脱。后躯麻痹，卧地不起。多伴发心律不齐和心杂音，最后因衰竭而死亡。

绵羊：中毒症状尚未明显时，手提绵羊的一只耳朵，使之产生应激作用，出现临床症状的时间较晚，表现转圈、摇头、卧地不起等症状。怀孕母羊多流产或产仔孱弱，常有畸形。

马：病初行动缓慢，不愿走动，离群站立，食欲正常，以后腰背僵硬，行动困难，易惊。后期则头颈僵直，视力减退，步态蹒跚，容易跌倒，转弯困难。最后采食饮水困难，后肢麻痹，衰竭而死亡。

骆驼：病初行动缓慢，不愿走动，头颈僵硬，视力下降，发出特殊尖叫声，骑乘时不听主人指挥，驮运时不支撑重力，如不及时采取措施会衰竭而死亡。

牛：主要表现为视力减退，水肿及脱水，使役不灵活。

（五）病理剖检变化

尸体极度消瘦，口腔和咽部有溃疡灶，眼球下陷，肢下出血，胆囊肿大，血液凝固不良，盲肠黏膜增厚，小肠内空虚，呈现树枝状充血，肠管内有多量深紫色液体。真胃黏膜有出血点，瘤胃壁变薄如纸，1/3的绒毛脱落，食道浆膜层易剥离，颌下、肺门、肠系膜、肩前淋巴结均正常。

（六）诊断

根据牲畜有采食变异黄芪的病史，结合行走摇摆、头部呈水平震颤、提耳应激敏感、后躯麻痹等典型的临床症状及病理变化，即可做出诊断。

（七）防治措施

预防措施：预防是防止本病的关键，建议采取以下措施进行预防。

1. 化学防除。阿左旗从20世纪70年代初，就开始在全旗范围内采用除草剂喷洒，来除灭草原上的变异黄芪等有毒植物。化学防除主要适合在变异黄芪分布面积大，且密度高的草场。

2. 人工挖除。阿左旗从20世纪70年代初，政府组织人力开展挖除草场上的变异黄芪等有毒植物的工作，每年约焚烧变异黄芪等有毒植物约250万公斤，有效地控制了变异黄芪等有毒植物的蔓延。

3. 放牧管理。依据变异黄芪在不同生长时期毒性变化的特点，通常采取开花前即3～5月（毒性小）在有变异黄芪的草场上放牧，在开花结籽即5～10月（毒性大）转移到无变异黄芪的草场上放牧，有较好的预防效果。

4. 建立生态控制工程。将草场分为3个区即高密度区（有毒植物分布强度在100株/平方米以上）、低密度区（有毒植物分布强度在10～100株/平方米之间）及基本无毒草生长区（有毒植物分布强度在10株/平方米以下）。具体操作方法是在高密度区放牧10天，或在低密度区放牧15天，再转移到基本无毒草区放牧20天，如此循环到冬季毒草干枯期。应用这种生态控制工程预防有相当好的经济和社会效益。

治疗措施：对于已经发生中毒的骆驼或羊，目前尚无特效治疗药物，只能采取一般解毒措施，治疗方法同小花棘豆中毒。对变异黄芪中毒牲畜，灌服绿豆粉糊、酸奶子、食用醋等有一定的解毒作用。对于中毒严重的骆驼或羊，应及时淘汰处理。

三、牛心朴子中毒

牛心朴子是萝藦科鹅绒藤属的多年生草本植物，有毒，其有毒成分是娃儿藤碱、娃儿藤次碱、7-脱甲氧基娃儿藤碱等多种生物碱，牲畜采食后可引起急性中毒。在阿拉善盟，牛心朴子主要分布于阿拉善左旗的超格图呼热、巴润别立、腾格里额里斯等苏木镇的部分草场上。

（一）形态特征

牛心朴子根系发达，根须状，茎直立多年生草本，高可达50厘米，全株无毛；叶对生，狭椭圆形，长3～7厘米，宽5～15毫米，近无柄；伞形聚伞花序近顶部腋生，有花10余朵；花萼5深裂，裂片矩圆状三角形，两面无毛；花冠紫红色，花冠裂片5枚，矩圆形；花粉块每室1个，下垂；子房坛状，柱头扁平；蓇葖果单生，匕首形，顶喙状渐尖；种子扁平，顶端被白绢质种毛。花期6～7月，果期8～10月。生于荒漠草原和半固定沙丘。

（二）牲畜中毒病发生情况

自1997年以来，内蒙古阿拉善左旗的嘉尔嘎勒赛汉、超格图呼热、厢根达来、腾格里、巴润别立、布古图的部分嘎查的骆驼、羊发生中毒。据不完全统计，在发病区共饲养骆驼530余峰，羊15万余只，共计中毒骆驼196峰，骆驼发病率为36.98%，骆驼死亡15峰，死亡数占发病数的7.65%，其余骆驼也由于中毒形成成瘾性。中毒羊396只，死亡32只，死亡数占发病数的8%；治疗100只，治愈98只，治愈率98%。

（三）牲畜中毒病流行特点

牛心朴子中毒主要危害骆驼和羊。骆驼采食牛心朴子有两个季节，一是春季发芽时，一般在3～5月份，刮风将其嫩的发芽刮出后，骆驼采食而引起中毒，且毒性大，能够引起死亡。二是在10～11月份，牛心朴子干枯后被骆驼大量采食而引起中毒，这时毒性较小，常引起拉稀，消瘦，但死亡较少。羊夏季不采食牛心朴子，常于11月份枯萎后采食，引起中毒，造成拉稀，怀孕母羊流产，种公羊性欲降低、消瘦，如果及时采取措施一般死亡较少。

（四）中毒症状

牛心朴子茎、叶均有毒，但其花粉无毒。在春夏交接之际，优良牧草缺乏时， 易引起骆驼中毒，牛羊一般不采食。骆驼中毒后主要表现精神沉郁，口吐白沫，磨牙，食欲减退或废绝，上下嘴唇肿大、龟裂、化脓，表现不安，回头观腹，后肢踢腹。慢性中毒时排黑绿色稀便，后期排出黑绿色水样稀便，极度瘦弱，最终因脱水、衰竭而死亡。羊中毒后以拉稀为主要特征，中毒初期没有明显的临床症状，连续采食牛心朴子7～10天后，开始排出黑褐色稀便，后期排出水样稀便，极度消瘦、贫血、衰竭而死亡。

（五）病理剖检变化

骆驼胃肠道有散在的出血斑点，肝脏上有苍白色斑纹，轻度肿大，胆囊肿大，胆汁黏稠，肾脏水肿并有点状出血点，膀胱空虚。羊的主要病变在肠道，小肠、盲肠、回肠、直肠黏膜脱落比较严重，肝脏肿大，肠系膜淋巴结肿大，切面呈黑褐色，并且水肿。

（六）诊断

根据牲畜有长期采食牛心朴子的病史，并结合骆驼嘴唇肿大、龟裂、化脓，羊拉稀、消瘦等临床表现，一般可以做出诊断。

（七）防治措施

发现牲畜中毒后，应迅速将病畜移牧到没有牛心朴子生长的草场上放牧，对采食牛心朴子成瘾的骆驼淘汰处理。

药物治疗可采取颈静脉放血500～1000毫升，再用5%葡萄糖注射液、0.9%氯化钠注射液500～1000毫升，一次静脉注射。每天1次，连用3～5天。也可灌服食用醋500～1000毫升，每天1次，连用3～4天。灌服酸奶1000～3000毫升，每天1次，连用3～4天。灌服止泻散500～1000克（羊50～100克），用开水烫后，放凉灌服，隔天重复1次，连用2～3次。灌服小米萝卜汤（小米500～1000克，青萝卜500克），熬成粥，一次灌服，每天1

次，连用2～4天。灌服甘草绿豆汤（甘草300克，绿豆1000克），加水5000毫升，熬成汤灌服，每天1次，连用2～3天。

（八）药用价值

牛心朴子全草有止血、活血、镇痛消炎和抗癌作用，可以用于治疗马、牛、羊等大动物的外伤肿痛，也可作为人类抗肿瘤药物开发利用；牛心朴子还可在夏季采集晒干后，粉碎，可以驱杀农作物多种害虫，用这种方法驱杀农作物的虫害不仅价格低廉，而且没有污染，是一种绿色环保型驱杀虫剂，有进一步开发利用的价值。

四、醉马芨芨草中毒

醉马芨芨草是禾本科芨芨草属多年生丛生草本植物，别名醉马草、药老、马尿扫，有毒，其有毒成分为麦角新碱、麦角酰胺等麦角类生物碱，牲畜采食后可引起急性中毒。在阿拉善盟，醉马芨芨草主要分布于阿左旗的宗别立、木仁高勒、巴彦浩特、巴润别立等苏木镇沿贺兰山西麓一带的部分岩石质山脚下、冲刷沟沿、山边缘等地。

（一）形态特征

醉马芨芨草须根柔韧；秆直立，少数丛生，平滑，高60～100厘米，3～4节；叶鞘稍粗糙，上部者短于节间，叶鞘口具微毛；叶片质地较硬，直立，边缘常卷折，茎生者长8～15厘米，基生者长可达30厘米，宽2～10毫米；圆锥花序紧密呈穗状，长10～25厘米，宽1～2.5厘米；小穗长5～6毫米，灰绿色或基部带紫色，成熟后变褐铜色，具3脉；外稃长约4毫米，背部密被柔毛，顶端具2微齿，具3脉；内稃具2脉，脉间被柔毛；花药长约2毫米，顶端具毫毛；颖果圆柱形，长约3毫米；花果期7～9月。生于高山或亚高山草原、山坡草地、田边、路旁、河滩。

（二）牲畜中毒病发生情况

醉马芨芨草中毒在阿左旗历史悠久。该毒草萌发早，每年4月中旬青绿，7～9月份开花结果。当地牲畜有分辨能力，一般不采食；外来畜不识此草，初次大量采食引起中毒。在天旱之年，醉马芨芨草和其他牧草混杂生长在一起时，牲畜在饥不择食的情况下，偶尔误食而中毒。

阿左旗每年均有一定数量的牲畜因采食该毒草引起中毒。如1962年吉兰泰公社七队50匹马因采食该草，发生中毒死亡22匹。1983年原庆格勒公社金星牧场黄某某一群320只羊通场移牧到巴彦浩特镇的扎海乌素队哈拉乌山坡地段放牧，因采食醉马芨芨草中毒死亡11只。1988年秋银根苏木科伯队魏某某家260只羊，通场移牧到布固图的哈拉乌沟放牧，发生醉马芨芨草中毒7只。2012年5月巴彦浩特镇伊和呼都格嘎查王某某将寄养于宗别立镇敖登格日勒嘎查亲戚家的3头牛拉回来跟群放牧，在放牧途中发现牛大量吃醉马芨芨草发生中毒。阿左旗约有35万牲畜在生长醉马芨芨草的草场上放牧，每年有700余头只牲畜发生醉马芨芨草中毒，约占放牧牲畜的0.2%。

（三）牲畜中毒病流行特点

地区分布：本病主要发生在有醉马芨芨草生长的草场，在阿左旗醉马芨芨草主要生长在沿贺兰山的宗别立、木仁高勒、布固图、巴润别立等地。

季节分布：一年四季均可发生中毒。一般多发生在春夏之交，牲畜抢青时节最易发生。

畜群分布：各种放养的草食牲畜不分年龄、性别均可发生中毒。以马属动物较敏感，其次是羊，骆驼也可中毒，一般较少发生。饥不择食的各类草食牲畜，只要误食一定数量的醉马芨芨草后，均可发生中毒。外地引进牲畜，由于对醉马芨芨草缺乏识别能力，往往误食引起中毒。

（四）中毒症状

全草有毒，干燥后仍具有毒性。通常情况下牲畜不采食醉马芨芨草，当其他牧草匮乏时则少量采食，特别是外来牲畜或当地过度饥饿的牲畜大量采食可引起中毒。主要危害马属动物（马、驴、骡），牛、山羊、绵羊和骆驼等反刍动物有一定耐受性，但也可引起中毒。大量采食醉马芨芨草达体重的1%时，30～60分钟后出现中毒症状，主要表现为口吐白沫，精神钝呆，食欲不振，步态蹒跚如醉酒状。

马：轻的精神沉郁，食欲减退，口吐白沫。较重的头低耳耷，走路摇晃，感觉过敏。有的呈阵发性狂躁，起卧不安；有时卧地不起呈昏睡状。可视黏膜潮红或发绀。心跳加快，呼吸迫促，鼻翼扩张。严重的除表现上述症状外，可见腹痛、腹胀、鼻出血和急性胃肠炎等症状。

驴：醉马芨芨草中毒，初期表现精神沉郁，流泪，闭眼，肌肉震颤。然后摇头，伸身体前倾，后肢向后伸展。运步困难，有时倒地。呼吸加快，心跳增至96次 / 分钟，体温一般不升高。

骡：醉马芨芨草中毒的症状与马、驴基本相似，所不同的是骡的耐受性较马、驴强。

骆驼：中毒后呈现酒醉状，行走摇摆，遇到障碍时无能力回避，不听从主人指挥，体温在36.5～37℃，呼吸、脉搏均正常。

羊：一般不采食醉马芨芨草，偶尔中毒时表现头颈僵硬、心悸，口吐白沫、精神沉郁、食欲减退或废绝、四肢僵硬、步态蹒跚、体温升高、形同醉酒。有时病畜表现为狂躁不安，神经过敏。有时病畜倒地不能起立，呈昏睡状态。严重者可出现气喘和腹痛，食欲和体重迅速下降。

牛：多为急性经过，主要表现为精神不安、饮食减退、反刍及瘤胃蠕动减弱、无力、出汗、腹泻、心律迟缓、可见黏膜发绀等。继而还出现肌肉震颤、瞳孔缩小，心跳加快、呼吸困难、大汗、流口水，对光反射消失，肌肉震颤、发热、大小便失禁，全身抽搐，体温变化不大，呼吸加快，口吐白沫，反刍停止，踢腹，回顾腹部，大便发黑，腹泻，小便红赤失禁，全身痉挛，表现神经症状。最终卧地不起，全身脱水，如不及时治疗可引起死亡。

（五）病理剖检变化

剖检可见胃肠道黏膜轻度出血，小肠前段轻度水肿，肠内充满淡黄色的黏液。心脏内膜有散在的出血点，肝脏表面出血，肾脏表面有针尖大小的出血点。

（六）诊断

本病可根据有采食醉马芨芨草的病史，结合以下几点可做出诊断：

1. 马属动物最敏感，反刍动物不易发病。

2. 具有明显的地区性和季节性。

3. 具有神经机能紊乱为特征的中毒症状。

（七）防治措施

预防措施：牲畜醉马芨芨草中毒尚无特效解毒药，因此为了防止中毒病的发生，预防是关键。

1. 在早春牧草缺乏时，应禁止在醉马芨芨草生长的草场上放牧，以防止误食中毒。

2. 对外地引入的牲畜，可将幼嫩的醉马芨芨草捣碎与人尿混合，涂抹于牲畜的口腔和牙齿上，使其厌恶不再采食醉马芨芨草。

3. 对已采食过醉马芨芨草的牲畜，则把醉马草拧成草绳，洒上人尿，像带铰子样给塞入口腔，使其厌烦，不再采食醉马芨芨草。

4. 对刚开始吃草的幼畜或牲畜迁移到新草场时，应选择在无醉马芨芨草的草场上放牧，在放牧前喂些优质牧草，防止因饥饿误食醉马芨芨草。

治疗措施：一般来说，牲畜醉马芨芨草中毒致死率不高，只要发现及时，立即使病畜脱离有醉马芨芨草的牧场，防止继续采食醉马芨芨草，使病畜保持安静，给予优质青干草，多饮微温盐水，促进毒物及早排出，轻度中毒不经治疗可自行恢复。

发现中毒，应尽早采取酸类药物中和解毒，并对症治疗。临床上多采用灌服酸液如醋酸、乳酸或稀盐酸，也可灌服酸奶或食醋，同时视具体情况结合静脉注射硫酸镁来治疗。也可采用放血、下泻等治疗。结合其他辅助治疗措施，如促进血液循环、补充能量、增强抵抗力、预防继发感染、强心、利尿等。骆驼中毒时，可采取维生素$B_1$0.5克肌肉注射，每天1次，连用7天。牛、马中毒时，灌服60度白酒200毫升，有较好的效果。

对中毒严重病畜，除内服上述酸类药物外，还须配合全身疗法和对症疗法，如静脉注射葡萄糖、生理盐水或复方氯化钠注射液。必要时应用强心剂和利尿剂。另外，用维生素$B_1$0.5克肌肉注射，效果非常明显。

五、苦豆子中毒

苦豆子是豆科槐属多年生草本植物，别名苦豆根、苦甘草，有毒，主要有毒成分是苦豆碱、金雀花碱、苦参碱、槐胺碱等生物碱，羊最易中毒。在阿拉善盟，苦豆子主要分布于阿左旗的额尔克哈什哈、超格图呼热、腾格里额里斯、巴彦浩特、吉兰泰、巴彦诺日公等沙漠湖盆地区；在阿右旗、额济纳旗盐碱地、荒漠化草地也有大面积分布。

（一）形态特征

苦豆子基部木质化成亚灌木状。高30～80厘米。枝多成帚状，密被灰色伏绢状毛。叶互生，单数羽状复叶；小叶15～25，灰绿色，矩形，长1.5～2.5厘米，两面被绢毛，顶端小叶较小；托叶小，钻形，宿存。总状花序顶生，长12～15厘米；花密生；萼密被灰绢毛，顶端有短三角状萼齿；花冠蝶形，黄色。荚果串珠状，长3～7厘米，密被细绢状毛，种子褐色或黄褐色，卵球形，稍扁。花期6～7月，果期8～10月。生于荒漠、半荒漠、半固定沙丘或固定沙丘的碱性沙质地带。苦豆子根茎地下芽旱生耐盐碱、抗风固沙作用强，是很好的固沙和抗盐碱植物。

（二）中毒症状

全草有毒，牲畜常因饥饿被迫采食引起中毒，轻者表现不安，目光凝视，消化不良，食欲减退，精神沉郁，呻吟。重者拱背站立，回顾腹部，后肢踢腹，食欲废绝，反刍停止，腹部胀满，瘤胃积液，呼吸急促。若治疗不及时最终可因呼吸衰竭而死亡。牲畜一般采食占体重2%的苦豆子即可引起死亡。

（三）诊断

根据牲畜有采食苦豆子的病史，结合流行病学调查、临床症状等可确诊。

（四）防治措施

苦豆子中毒无特效解毒药。发现牲畜中毒，早期可采取催吐、洗胃、导泻等措施。内服蛋清、乳汁、药用炭、鞣酸蛋白或通用解毒药，静脉滴注5%葡萄糖生理盐水注射液。对症治疗，出现瘤胃臌气时，灌服二甲基硅油、植物油，排气消胀；呼吸衰竭时给呼吸兴奋药。中药大黄（后下）9克，枳壳12克，金银花15克，甘草9克，加水煎煮2次，再加元明粉15克搅拌溶解，一次灌服，有一定治疗效果。

（五）药用价值

苦豆子是我国北方地区十分重要的药源植物，根入药，能清热解毒，主治痢疾、湿疹、牙痛、咳嗽等病症。根也入蒙药，能化热、调元、燥“黄化”、表疹，主治瘟病、感冒发热、风热、痛风、游痛症、麻疹、风湿性关节炎等病症。

六、披针叶黄华中毒

披针叶黄华是豆科野决明属的多年生草本植物，别名牧马豆，有毒，主要有毒成分是臭豆碱、黄华碱、金雀花碱等喹诺里西啶类生物碱。在阿拉善盟，披针叶黄华主要分布于阿拉善左旗的吉兰泰、巴彦浩特、超格图呼热、额尔克哈什哈、腾格里额里斯等苏木镇的部分沙漠湖盆地区的草场上。

（一）形态特征

披针叶黄华，茎直立，被棕色长伏毛。掌状三出复叶，小叶倒披针形或长椭圆形，先端钝圆或急尖，背面被棕色长伏毛；托叶大形，椭圆形或卵状披针形。总状花序顶生，花轮生，每轮2～3朵；蝶形花冠黄色。荚果长椭圆形，先端急尖，并具宿存花柱。花期5～7月，果期6～10月。生于干旱盐碱地、沙漠、戈壁、河边及沙砾地。

（二）中毒症状

全草有毒，牲畜采食中毒后主要表现为神经症状。发病初期目光呆滞，食欲下降，精神沉郁，呆立一处，头低耳耷，对外界反应冷淡迟钝，体温不高，呼吸、心跳加快。后期表现为后躯僵硬，行走运步不稳，常因后肢麻痹向一侧跌倒，呈犬坐姿势，人工扶起快速驱赶时再次向一侧跌倒。严重时呼吸困难，结膜潮红，心脏衰弱直至衰竭死亡。

（三）病理剖检变化

皮下有暗红色斑点，胸腔腹腔内有带红色的液体，胃黏膜充血，肝、肾肿大呈暗红色，血液暗棕色或浅红色。

（四）诊断

根据牲畜有采食披针叶黄华的病史，结合流行病学调查、临床症状分析、病理剖检变化等可确诊为披针叶黄华中毒病。

（五）防治措施

披针叶黄华中毒尚无特效解毒药。发现中毒症状明显的羊只，首先让羊就地静卧休息，不要移动，避免羊只受到外界刺激而加重病情，加速死亡。待羊的中毒症状缓解后（约3～4小时）方可慢慢赶回。将病羊隔离静卧于圈内，饲喂优质牧草，并给予充足的饮水，一般2～3天可自愈，临床症状消失后再放入羊群。

加强管理，注意防范。由于羊采食披针叶黄华会发生成瘾性，应防止愈后再次采食。另外注意选择放牧季节和草场类型，在中毒易发季节尽可能防止羊在披针叶黄华生长的草场上放牧，或者早晚在其他草场放牧，中午和下午在生长披针叶黄华的草场上放牧。

（六）药用价值

披针叶黄华全草入药，能祛痰镇咳，主治痰喘、咳嗽等病症。牧民将其花和叶晾干粉碎，可用于治疗骆驼、羊、牛等牲畜的伤口蛆，杀蛆和防腐效果明显。现代药理研究发现，披针叶黄华生物碱具有抗心律失常、抗溃疡、升高白细胞、肌肉松弛和抗癌等多种药理作用。

七、蒙古虫实中毒

蒙古虫实是藜科虫实属一年生草本植物，有毒，其主要有毒成分是皂苷。在阿拉善盟，蒙古虫实主要分布于阿拉善左旗的宗别立、吉兰泰、巴彦浩特、超格图呼热、额尔克哈什哈、腾格里额里斯等苏木镇的部分沙漠湖盆地区的草场上。

（一）形态特征

植株高10～40厘米，茎直立，圆柱形，被毛；分枝多集中于基部，最下部分枝较长，平卧或上升，上部分枝较短。叶条形或倒披针形，先端急尖具小尖头，基部渐狭，1脉。穗状花序顶生和侧生，细长，稀疏，圆柱形；苞片由条状披针形至卵形，先端渐尖，基部渐狭，被毛，1脉，膜质缘较窄，全部掩盖果实。花被片1，矩圆形或宽椭圆形，顶端具不规则的细齿；雄蕊1～5，超过花被片。果实较小，广椭圆形，顶端近圆形，基部楔形，背部强烈凸起，腹面凹入；果核与果同形，灰绿色，具光泽，有时具泡状凸起，无毛；果喙极短，喙尖为喙长的1/2；翅极窄，几近无翅，浅黄绿色，全缘。花果期7～9月。生于沙质戈壁、固定沙丘或沙质草地。

（二）中毒症状

全草有毒，尤以种子毒性较大，放牧牲畜采食后引起急性中毒，主要危害羊和骆驼。

羊：清晨出牧时一切正常，一般在阴雨天气和下午发病较多。发病初期没有明显的症状，羊只表现行走缓慢，落于羊群后面，采食减少或停止。继而出现咩叫，卧地，回头观腹，后两肢乱蹬，腹部迅速腹胀，超出脊部，呼吸极度困难，体温正常，脉搏、呼吸加快，约在3～5分钟内窒息死亡。

骆驼：蒙古虫实青草期和枯黄期都是骆驼最喜食的牧草，也是抓膘最理想的牧草。但是该种牧草在青绿期骆驼大量采食时产气迅速，尤其是驱赶过快过久时反刍、嗳气消失，气体无法排出，瘤胃迅速膨胀，造成骆驼呼吸困难，心跳加快，最终因窒息死亡。

（三）病理剖检变化

病畜口腔内流出淡黄色液体，黏膜黑紫色，四肢直立，肛门突出。腹胀特别严重，远处看时像吹了气的气球，剖开腹腔时瘤胃内充满气体，用刀捅开瘤胃时发出喷的声音，将大量的胃内容物喷出较远的地方，有一种特殊的气味。瘤胃内容物中有较多的圆形黑色草籽样物质。肺脏瘀血呈黑紫色，气管内有大量白色泡沫，其他脏器均正常。

（四）诊断

根据放牧牲畜有采食蒙古虫实的病史，结合腹围迅速膨胀，呼吸极度困难，急速死亡等主要特征，即可诊断。

（五）防治措施

预防措施：本病发病迅速，病程短，死亡率高，做好预防是关键。

1. 早晚天气凉或下雨时，禁止在长有蒙古虫实的草场上放牧；中午天气较热时，在长有蒙古虫实的草场上短暂放牧后迅速离开。

2. 在放牧途中发生本病时严禁急赶，用拖拉机、摩托车等运输工具运输以防加速死亡。

治疗措施：本病有特效解毒治疗方法。

特效解毒治疗。二甲基硅油骆驼80～100毫升、牛30～60毫升、羊10～20毫升，加水150～200毫升灌服，治愈率为100%；也可用松节油骆驼50～100毫升、羊5～10毫升，或植物油稀释后灌服；稀醋酸骆驼40～80毫升、羊10～15毫升，用常水稀释后灌服。

还可用食用植物油（菜油、棉籽油、麻油、豆油、花生油等）治疗都具有较好的效果，应用油根（植物油的沉渣）治疗效果也很好。对刚发生腹胀症状的羊，灌服60度的白酒30～50毫升，让羊就地休息，也可收到较好效果。在牧区油根和白酒都可找到，且价格低廉、使用方便、效果确实，在牧区有推广应用价值。

八、蒙古扁桃中毒

蒙古扁桃是蔷薇科桃属旱生多年生灌木，别名山樱桃，有毒。主要有毒成分为扁桃苷，属氰苷类，在酶的作用下可生成剧毒的氰氢酸，其在幼苗、花和果实中的含量较高，牲畜采食后可引起急性中毒。在阿拉善盟，蒙古扁桃主要分布在巴彦诺日公、敖伦布拉格、宗别立、巴润别立、腾格里额里斯等苏木镇的贺兰山、双鹤山、驼骆山、骡子山、好来宝等丘陵地段成片生长。春末夏初蒙古扁桃开花发芽时，骆驼、羊大量采食后引起中毒。

（一）形态特征

蒙古扁桃为灌木，根系发达，主根可深入土层40～50厘米以下，高1～2米；枝条开展，多分枝，小枝顶端转变成枝刺；短枝上叶多簇生，长枝上叶常互生；叶片宽椭圆形、近圆形或倒卵形，叶边有浅钝锯齿，侧脉约4对，下面中脉明显凸起；花单生稀数朵簇生于短枝上；萼筒钟形；萼片长圆形，与萼筒近等长；花瓣倒卵形，粉红色；雄蕊多数，长短不一致；子房被短柔毛；果实宽卵球形，外面密被柔毛；果梗短；果肉薄，成熟时开裂，离核；核卵形，具浅沟纹，无孔穴；种仁扁宽卵形，浅棕褐色；花期5月，果期8

月。常生于荒漠、半荒漠地带的石质低山、丘陵坡麓、沟谷及干河床的沙地，有时在干旱的沙坡上形成稀疏的灌木丛，极耐干旱和贫瘠。

（二）牲畜中毒病发生情况

2000年5月2～7日，阿左旗图克木苏木图克木嘎查哈某某等7户共养羊2100只左右，每户平均饲养羊300只左右，共有21只羊突然发病，其中膘情好的二齿羔羊20只，当年绵羊羔1只，全部死亡，死亡数占发病数的100%。

2001年4月25日，阿左旗厢根达来苏木巴音温都尔嘎查万某某骆驼群中，突然发生一种急性病，该牧户共饲养骆驼16峰，发病3峰，发病率18.75%，死亡1峰，死亡数占发病数的33.33%，治愈2峰，治愈率66.6%。

2001年4月16～23日，巴彦浩特镇敖包图、巴彦笋布尔两个嘎查的李某某和王某某的羊群中出现中毒。该两个牧户共饲养羊490只，其中绵羊109只，绵羊没有发病，山羊381只，发病43只，都是1岁山羊，发病率11.28%；死亡7只，死亡数占发病数的16.27%。

（三）中毒症状

根、茎叶和种子有毒，幼叶毒性较强。牲畜发病主要发生在生长有大量蒙古扁桃的地区，尤其阴雨连绵，并且比较冷的天气易发病。每年4～6月初，蒙古扁桃幼嫩枝叶中氰苷含量达到峰值，此季节放牧牲畜采食蒙古扁桃幼叶及嫩枝后，极易引起急性中毒，重者导致死亡。中毒牲畜有的口吐白沫，有的口腔干燥，不断呻吟、打滚，呼吸困难，有的张口呼吸，心跳加快，迎风行走，呼出苦杏仁味的气体。到后期躯体无力，站立行走不稳，后肢麻痹，瞳孔散大、频尿、痉挛、牙关紧闭、发出咯吱咯吱的声响。羊发出难忍的咩叫声，卧地后回头观腹，腹痛剧烈，起卧不安，起立后，用后肢踢腹，到后期行走不稳，走路左右摇晃，倒地后四肢乱蹬。针刺耳尖、尾尖不出血。体温一般正常，如果不及时治疗就会导致死亡。从出现症状到死亡20分钟左右。

（四）病理剖检变化

剖开腹腔时，瘤胃内看到大量的蒙古扁桃幼枝和花，血液呈鲜红色或酱油色，但凝固不良。气管和支气管黏膜有出血点，肺充血、水肿。胃内充满大量气体，带有苦杏仁的特殊气味，胃黏膜脱落，胆囊肿大，小肠发紫并有血丝状。

（五）诊断

根据放牧牲畜有采食蒙古扁桃幼嫩枝叶的病史，并结合迅速腹胀，突然倒地死亡，病理变化等特征，即可做出诊断。

（六）防治措施

预防措施：

1. 加强饲养管理，每年4～6月蒙古扁桃长出幼叶及嫩枝时，禁止在蒙古扁桃生长区放牧。

2. 发现病骆驼时，及时通场移牧到没有蒙古扁桃或蒙古扁桃较少的草场放牧，即可收到较好的效果。

治疗措施：本病有特效解毒药物，发现中毒时应首选特效解毒剂进行治疗。

1. 发现有腹胀较严重的骆驼时严禁急赶，以防加速死亡。最好原地休息，并采取特效解毒剂进行治疗。硫代硫酸钠（次亚硫酸钠）配成5%～25%的注射液，静脉注射1～3克，轻症间隔3～4小时注射1次。严重中毒时配成35%注射液，静脉注射2～5克，间隔2～4小时注射1次。

2. 也可用美兰（又叫亚甲兰），配制成1%灭菌液（取美兰1克，溶于10毫升酒精中，再加灭菌生理盐水90毫升即成），骆驼一般50～60毫升，羊5～6毫升，静注每天3～4次。最好与硫代硫酸钠交替使用。

3. 牧民经验将干枯的芨芨草点燃10～20根，产生烟雾后放到发病骆驼的鼻腔和嘴周围随呼吸吸入烟雾有较好的效果。灌服酸奶子水，可用牛或羊的酸奶500～1000毫升，加水1500～2000毫升，一次灌服，每隔2～3小时重复1次。

（七）药用价值

蒙古扁桃种仁可代“郁李仁”入药。当地牧民有将蒙古扁桃炒熟后食用的习惯，不仅不中毒，而且还有开胃和补血的作用。

九、蒺藜（感光过敏）中毒

蒺藜是蒺藜科蒺藜属一年生草本植物，别名八棱刺，蒺藜本身无毒，主要是在干旱高温等气候异常情况下，蒺藜的叶片上常寄生大量的草粘蚜虫，牲畜吃入大量寄生蚜虫的蒺藜时产生感光过敏，而造成中毒。在阿拉善盟，蒺藜主要分布在阿左旗的额尔克哈什哈、嘉尔嘎勒赛汉、超格图呼热、腾格里额里斯、巴彦浩特、巴彦诺日公、敖伦布拉格、温都尔勒图等苏木（镇）。

（一）形态特征

蒺藜茎平卧，无毛，被长柔毛或长硬毛，枝长20～60厘米，偶数羽状复叶，长1.5～5厘米；小叶对生，3～8对，矩圆形或斜短圆形，先端锐尖或钝，基部稍偏斜，被柔毛，全缘。花腋生，花梗短于叶，花黄色；萼片5，宿存；花瓣5；雄蕊10，生于花盘基部，基部有鳞片状腺体，子房5棱，柱头5裂，每室3～4胚珠。果有果瓣5，硬，无毛或被毛，中部边缘有锐刺2枚，下部常有小锐刺2枚，其余部位常有小瘤体。花期5～8月，果期6～9月。生长于沙地、荒地、山坡、居民点附近。

（二）牲畜中毒病发生情况

2000年7月19日，阿左旗宗别立苏木茫乃嘎查范某某等3户牧民共饲养羊850只，其中山羊693只。发生中毒701只，其中山羊681只，发病率82.47%。2000年9月3日，阿左旗木仁高勒苏木图嘎查王某某和李某某饲养的353只羊，其中山羊176只，发病259只，发病率73.37%。

（三）牲畜中毒病流行特点

中毒来源：粘于蒺藜草上的草粘蚜虫是该中毒病的中毒来源。

中毒途径：牲畜在放牧采食牧草的同时，食入大量草粘蚜虫，经消化道吸收了蚜虫体内的光过敏物质，经血液输送于身体各部位。光过敏物质在阳光的作用下，造成牲畜有白色或白斑的皮肤渗出炎性物。

易感动物：羊、马、驴、骡均易感。尤以羊最敏感。

地区分布：蚜虫中毒地区分布较广，北起巴彦诺日公，南至温都尔勒图等约5万多平方公里的地区。

季节分布：夏、秋两季均可发生，以秋季发生严重。在夏秋雨季到来时，湿度、温暖和气候条件特别适宜蚜虫的繁殖，是蚜虫中毒发病的高峰期。

畜群分布：仅发生在羊和马属动物，其他牲畜未见中毒。尤以羊反应最为强烈，在羊中以白色羊或有白斑毛色羊不分年龄、性别，其皮肤炎症更为严重，黑色羊较轻。

（四）中毒症状

放牧牲畜一旦大量采食寄生大量蚜虫的蒺藜时，均可引起中毒。初期在头部、面部、耳朵、眼睑、口唇部、颌下、颈部、背部、乳房、乳头、胸腹部、四肢内侧等部位的白色皮肤或被毛稀短处、无毛处等发生充血、肿胀，形成血红色斑疹块。病情进一步发展，在斑疹块上形成水疱，奇痒，患畜常摩擦皮肤，而引起水疱破溃，流出淡黄色液体。有的伴有口腔、鼻腔和阴道等部位黏膜发生炎症。太阳光照射后病情加重，夜晚减轻。严重者继发感染化脓，体温升高。有的出现兴奋、寒战、痉挛、麻痹等神经症状。有的出现视力障碍，甚至失明等。

病羊主要表现为不安，皮肤发生炎症，头、颈、腰部皮肤增厚，有弥漫性黄豆大小的丘疹，流出黄色液体，进而出现紫色结痂。严重的病羊痂块连成大片，炎症明显，病羊像穿上盔甲一样，痂块下的皮肤鲜红，有渗出液。头部病变炎症严重时引起结膜炎和口膜炎。有的羊发生继发感染，可形成化脓灶。有的山羊两个耳朵肿胀，耳根裂口，有的角脱落，有的山羊尾根部肿胀隆起、龟裂。

（五）诊断

根据放牧牲畜有采食寄生大量蚜虫蒺藜的病史，再结合白色皮肤或被毛稀短处发生充血、肿胀、水疱、奇痒、流出淡黄色液体等渗出性炎症的特征表现，即可做出诊断。

（六）防治措施

预防措施：在夏秋雨季到来时，在草场上放牧要注意蒺藜草等牧草上蚜虫数量的多少。一旦发现蒺藜草等牧草上寄生大量的蚜虫时，应尽快转移牧场或禁止放牧，避免采食带蚜虫的蒺藜草引起本病。

治疗措施：

1. 发生光过敏性物质中毒后，应立即停止采食含有光过敏性物质的蒺藜，并将牲畜赶至避光的阴暗处，避免阳光继续照射，以防加重病情。

2. 使用抗过敏药物。10%氯化钙2毫升、5%葡萄糖250毫升混合，静脉注射1～2次，即可治愈。或0.25%异丙嗪2毫升肌肉注射，每天1～2次，连用2天。或麻黄素2毫升肌肉注射，每天1～2次，连用2天。

3. 患部皮肤，可用1%鞣酸溶液或0.1%高锰酸钾溶液冲洗后，局部涂抹氧化锌软膏、龙胆紫、碘甘油等药物。继发感染化脓者，内服或肌肉注射抗生素，患部涂抹红霉素软膏。

（七）药用价值

蒺藜果实入药，能平肝明目、散风行血，主治头痛、皮肤瘙痒、目赤肿痛、乳汁不通等病症。果实也作蒙药用，补肾助阳、利尿消肿，主治阳痿肾寒、淋病、小便不利。

十、苍耳中毒

苍耳是菊科苍耳属一年生草本植物，全株有毒，以果实，特别是种子毒性较大，苍耳果实含苍耳苷，种子含毒蛋白和毒苷等有毒成分，牲畜采食后可引起中毒。在阿拉善盟，苍耳主要分布于阿左旗的腰坝滩、查哈尔滩、格楞布伦滩、西滩、孪井滩等农牧交错地带。

（一）形态特征

苍耳株高20～90厘米，粗糙或被毛；叶互生，有长柄，叶片宽三角形，长4～10厘米，宽3～10厘米，先端锐尖，基部心脏形，边缘粗锯齿，粗糙或被短白毛，基部有3条显著的脉；头状花序近于无柄，聚生，单性同株；雄花序球形，总苞片小，1列；雌花序卵形，总苞片2～3列，外列苞片小，内列苞片大，结成一个卵形、2室的硬体，顶有2圆锥状的尖端，小花2朵，无花冠，子房在总苞内；瘦果倒卵形，包藏在有刺的总苞内，无冠毛；花期5～6月；果期6～8月。生于荒野、路边、沟旁、田边、草地、村旁等处。

（二）牲畜中毒病发生情况

1998年9月查哈尔苏木灌区农民吴某饲养的169只小尾寒羊，因采食苍耳突然发病，共计中毒、死亡16只，其中羔羊11只，发病率为9.47%，死亡数占发病数的100%。

（三）中毒症状

全草有毒，以幼芽和果实最强，果实以种子毒性大，鲜叶比干叶毒性大，嫩叶比老叶毒性大。牲畜一般在大量采食苍耳后2～3天发病。初期表现食欲减退，精神萎顿，流涎，口吐白沫，有时呕吐。心悸亢进、呼吸急促，频繁起卧、后肢踢腹，到处冲撞，全身肌肉痉挛、颤抖，强迫行走步履蹒跚、跳跃，惊厥。轻度腹痛，腹泻，排出恶臭的稀便并带有黏液、血液。严重者可视黏膜黄染，有散在出血点，鼻孔流出少量黄红色鼻液。个别病畜全身颤抖阵发性痉挛，反射迟钝，卧地不起，角弓反张，呈游泳状，哀鸣。体温40.0～40.5℃，一般出现症状后24小时内死亡。

（四）病理剖检变化

可视黏膜黄染。胃内容物充盈，呈黑褐色并有酸败味，黏膜肿胀、广泛性出血、脱落，大网膜有片状出血，十二指肠黏膜脱落，呈弥漫性出血，食糜呈黑褐色。心纵沟和冠状沟有条状、片状出血，心内膜呈斑条状出血，心肌出血，血液凝固不全。肝脏肿胀，切面外翻，质脆，表面有针尖大到米粒大的出血点。血液呈酱油色，胆囊缩小，胆汁量少而黏稠、呈血样，肾质脆，有散在的出血点，皮质、髓质界限不清，肾盂有针尖样的出血点，脾脏表面有散在针尖大的出血点，膀胱黏膜有散在的出血点，尿液呈葡萄酒样。

（五）诊断

根据牲畜有采食苍耳的病史，临床表现为消化道症状及广泛性出血的特点，结合病理剖检可见心、肝、肾等实质器官的损害，不难做出诊断。

（六）防治措施

预防措施：田间放牧时要跟群管理，尽量在苍耳较少的地方放牧，发现羊只特别是羔羊大量采食苍耳时要及时制止，以免造成不必要的损失。

治疗措施：

1. 中毒初期，可催吐或导泻，以排出毒物。静脉放血200～500毫升。保护胃肠黏膜，每日内服鲜牛奶500～1000毫升。也可用0.1%高锰酸钾溶液灌服。

2. 肌肉注射硝酸士的宁能解除其毒性。右旋糖酐250毫升、葡萄糖250毫升、复方氯化钠250毫升、乌洛托品10毫升、维生素C 10毫升、20%安钠加10毫升，静脉注射，每天1次，连用3～4天。

3. 静脉注射葡萄糖溶液、维生素C、维生素B，保护肝脏，促进利尿，加速毒物的排出。也可肌肉注射樟脑制剂或皮下注射尼克刹米，防止心力衰竭和呼吸衰竭。

4. 维安康夫10毫升肌肉注射，每天2次，连用3～4天。为防止继发感染，用磺胺嘧啶钠注射液5毫升肌肉注射，每天2次，连用2～3天。

5. 用茵陈、枳实、大黄、栀子、滑石、甘草等中药，煎水灌服有效。

（七）药用价值

苍耳果实入药（药材名苍耳子），能散风、止痛、祛湿、杀虫，主治风寒头痛、风湿痹痛、四肢拘挛痛、疥癞、痉挛等病症。临床研究中用于治疗鼻部疾病（慢性鼻炎、慢性化脓性鼻窦炎）、慢性气管炎、腮腺炎、下肢溃疡、腰腿痛、过敏性鼻炎、风湿痹痛、皮肤湿疹、瘙痒、疟疾等病，均有较好疗效。苍耳子水浸液可作土农药，用于防治棉花、蔬菜以及花卉的蚜虫、红蜘蛛和菜青虫等病虫害。

十一、芦苇幼芽中毒

芦苇是禾本科芦苇属多年生草本植物，春季刚出生的幼苗或幼嫩茎叶含有氰苷，牲畜如果贪青大量单一采食后可引起急性氢氰酸中毒。随着枝叶的长大，毒性减弱，晒制干草和青贮后，草青色绿，香味浓，羊很喜食，牛马亦喜食。在阿拉善盟，芦苇主要分布在阿左旗的额尔克哈什哈、超格图呼热、腾格里额里斯等苏木的沙漠湖盆地区。在阿右旗、额济纳旗的沙漠湖盆地区也有大面积分布。

（一）形态特征

芦苇植株高大，地下有发达的匍匐根状茎。茎秆直立，秆高1～3米，节下常生白粉。叶鞘圆筒形，无毛或有细毛。叶舌有毛，叶片长线形或长披针形，排列成两行。叶长15～45厘米，宽1～3厘米。夏秋开花，圆锥花序，顶生，疏散，多呈白色，圆锥花序分枝稠密，向斜伸展，花序长10～25厘米，稍下垂，小穗含4～7朵花，雌雄同株。果实为颖果，披针形，顶端有宿存花柱。花期8～12月。生于沙漠低湿地、沟渠沿岸或湖边湿地。

（二）中毒症状

春季刚长出的幼苗或幼嫩茎叶有毒，放牧牲畜大量采食可引起急性中毒。表现为发病迅速，大多数牛羊采食幼嫩芦苇后15～30分钟开始发病，出现惊恐不安，呼吸急促，呻吟，肌肉震颤，腹痛，瘤胃臌气。心率加快，流涎，站立不稳，张口伸颈，可视黏膜鲜红，口流白色泡沫状唾液。后期精神沉郁，行走摇摆，全身极度衰弱，很快卧地，体温下降，后肢麻痹，肌肉痉挛，全身抽搐，瞳孔散大，心动缓慢，呼吸浅表，脉搏细弱，终因心力衰竭，呼吸麻痹而死亡。

（三）诊断

根据牲畜有采食芦苇幼苗或幼嫩茎叶的病史，再结合突然发病、呼吸急促、口吐白沫、可视黏膜鲜红等临床症状，即可做出诊断。

（四）防治措施

预防措施：在春季发病季节，应远离有幼嫩芦苇分布的草地放牧牲畜，是最有效的预防方法。也可采取上午舍饲下午放牧，可收到较好预防效果。

治疗措施：发病后立即用1%亚硝酸钠溶液，羊15～20毫升、牛100～150毫升，静脉注射。同时用5%硫代硫酸钠溶液，羊50～60毫升、牛150～200毫升，静脉注射，效果较好。

（五）药用价值

芦苇的根茎、茎秆、叶及花序均可入药。根茎（药材名芦根）能清热生津、止呕、利尿，主治热病烦渴、胃热呕逆、肺热咳、肺痈、小便不利、热淋等。茎秆（药材名苇茎）能清热排脓，主治肺痈叶脓血。叶清肺止呕、止血、解毒。花序止血、解毒。

十二、播娘蒿中毒

播娘蒿是十字花科播娘蒿属野生一年生草本植物，别名野芥菜。全株有毒，尤以种子毒性较大，在种子中含有挥发油类异硫氰酸苄酯、异硫氰酸烯丙酯、二烯丙基二硫化物等毒性成分，牲畜大量采食后可引起急性中毒。

（一）形态特征

一年生草本，高20～80厘米，全株呈灰白色。茎直立，上部分枝，具纵棱槽，密被分枝短柔毛。叶轮廓为矩圆形或矩圆状披针形，长3～7毫米，宽

1～4毫米，2至3回羽状全裂或深裂，最终裂片条形或条状矩圆形，长2～5毫米，宽1～1.5毫米，先端钝，全缘，两面被分枝短柔毛；茎下部有叶柄，向上叶柄逐渐缩短或近无柄。总状花序顶生，具多数花；花梗纤细，长4～7毫米；萼片条状短圆形，先端钝，长约2毫米，边缘膜质，背面有分枝细柔毛；花瓣黄色，匙形，与萼片近等长，雄蕊比花瓣长。长角果狭条形，长2～3厘米，宽约1毫米，直立或稍弯曲，淡黄绿色，无毛，顶端无花柱，柱头压扁头状。种子1行，黄棕色，矩圆形，长约1毫米，宽约0.5毫米，稍扁，表面有细网纹，潮湿后有胶黏物质；子叶背倚。花期5～6月，果期7～9月。

（二）牲畜中毒病发生情况

阿左旗腾格里额里斯镇特莫乌拉嘎查的宋某某和段某某两个牧户共饲养93只羊，其中山羊10只，绵羊83只。2010年3月下旬，羊群因采食播娘蒿中毒，发病绵羊19只，发病率20.43%，死亡19只，死亡数占发病数的100%。

（三）中毒症状

羊突然倒地即死亡，无挣扎痕迹。死亡羊多数为幼年、体壮、膘肥的羊只，口腔流出绿色液体。个别病情较慢的羊只主要表现发抖、哞叫、来回走动。注射青霉素等抗生素类药物无效，最终呼吸衰竭而死亡。

（四）病理剖检变化

剖检可见胃肠道黏膜充血、肿胀、出血。肝肿胀、色黄、质脆。胸、腹腔有浆液性、出血性渗出物。在头、颈、胸部皮下组织水肿。肾有出血性炎症，膀胱多有积尿且有出血。肺水肿和气肿。甲状腺肿大。

（五）诊断

根据发病情况、临床症状、病理剖检变化，以及羊群有采食播娘蒿的病史，可诊断为羊播娘蒿中毒。

（六）防治措施

预防措施：预防是防治本病的关键，主要是在播娘蒿盛花期，严禁在有播娘蒿生长的草场放牧，防止大量采食引起中毒。

治疗措施：本病尚无特效解毒药物，发病后只能采取对症治疗。由于发病急，病程短，死亡快，临床上往往来不及治疗即死亡。

（七）药用价值

种子入药（药材名葶苈子），能行气、利尿消肿、止咳平喘、祛痰，主治喘痰多、胸胁满闷、水肿、小便不利。全草可制农药，对于棉花蚜虫、菜青虫等有杀死效果。种子入蒙药。

十三、草麻黄中毒

草麻黄是麻黄科麻黄属多年生草本状灌木植物，别名麻黄。含有生物碱麻黄素，被放牧牲畜采食后可引起慢性中毒。其特征为精神兴奋，口吐白沫，腹疼、尿血、瞳孔散大。麻黄属植物主要分布在阿拉善左旗的红古尔玉林、罕乌拉、吉兰泰、锡林高勒、木仁高勒、宗别立、乌素图、巴润别立、厢根达来、嘉尔嘎勒赛汉、腾格里、温都尔图等苏木镇部分草场上。

（一）形态特征

草本状灌木，高可达30厘米，稀较高。基部多分枝，丛生；木质茎短或成葡萄状，小枝直立或稍弯曲，具细纵槽纹，触之有粗糙感，叶2裂，裂片锐三角形，先端急尖，上部膜质薄，围绕茎部变厚，几乎全部褐色，其余略为白色。雄球花为复穗状，长约14毫米，具总梗，淡黄绿色，雄蕊7～8，花丝合生或顶端稍分离，雌球花单生，顶生地当年生枝，腋生于老枝，具短梗，幼花卵圆形或矩圆状卵圆形，苞片4对基部合生，中间的苞片较宽，边缘膜质，其余的为暗黄绿色；雌花2，直立或顶端稍弯曲，管口裂缝窄长，常疏被毛，雌球花成熟时苞片肉质，红色，矩圆状卵形或近圆球形，种子通常2粒，包于红色肉质苞片内，不外露或苞片等长，长卵形，深褐色，一侧扁平或凹一侧凸起，具2条槽纹，较光滑。花期5～6月，种子成熟8～9月。

（二）牲畜中毒病发生情况

麻黄是阿拉善左旗荒漠、半荒漠地区的一种药用植物，除乌兰布和沙漠和腾格里沙漠腹地外，其他地区均有一定数量成片的麻黄生长地。据记载，1964年夏秋季，原吉兰泰镇一、二队骆驼70峰、羊500余只发生了麻黄中毒。1976年布古图的扎海乌素67只羊发生麻黄中毒，全部死亡；锡林高勒的沙拉布鲁都和查汗布鲁格有4群1000余只羊发生中毒，死亡百余只。1980年锡林高勒的沙拉布鲁都胡某某等牧户的4群羊发生麻黄中毒，死亡羊40余只。1992年巴润别立镇沙尔库代嘎查的2个驼群共有骆驼81峰，6峰发生麻黄中毒，全部死亡。在阿拉善左旗每年均有一定数量的牲畜发生麻黄中毒，约占发生地区牲畜总量的1.2%。一般连续采食7天后开始发病，20天左右可引起中毒死亡。冬季被骆驼采食却无中毒现象。

（三）牲畜中毒病流行特点

地区分布：草麻黄遍生于阿左旗荒漠与半荒漠草原，尤其是沿贺兰山以西的各苏木及北部的吉兰泰、罕乌拉，南部的温都尔图、腾格里等地区是优势分布区。这些地区是牲畜草麻黄中毒发生的重灾区。

季节分布：中毒常发生在久旱无雨，其他牧草生长不良的年份。夏、秋、冬季均可发生，以秋冬季多发。

畜群分布：草麻黄中毒不分畜种、年龄、性别均可发生，采食越多，中毒越严重。羊、驼、马、驴较其他畜种更易发生，外来引进牲畜较当地牲畜易贪食草麻黄而中毒。牲畜采食草麻黄后，毒素经消化道吸收而进入血液，作用于中枢神经系统而出现神经症状。

（四）中毒症状

全草及种子有毒。病驼表现精神沉郁，食欲废绝，胃肠动音减弱，排粪减少，粪球干小；心跳80次 / 分钟，心脏搏动亢进，有的心律失常；瞳孔散大，视力减弱；呼吸困难，严重者肌震颤，行走踉跄，甚至出现惊厥。病马常出现腹痛，腹部胀气。有报道，马中毒时可出现流涎、出汗的现象。最后卧地不起，心力衰竭，窒息而死。

（五）病理剖检变化

尸体极度消瘦，毛色变淡，心脏扩张，支气管黏膜出血，肺充血、水肿，胃肠内充满气体。

（六）诊断

根据牲畜有采食草麻黄的病史，再结合精神兴奋、口吐白沫、瞳孔散大等典型的临床表现，不难做出诊断。

（七）防治措施

预防措施：加强饲养管理，通场移牧时应将牲畜移牧到没有麻黄生长的草地放牧，可有效控制麻黄中毒。干旱年份的春天返青季节，防止骆驼群到密生草麻黄的地带放牧。

治疗措施：本病尚无特效解毒药物，发生中毒后只能采取一般解毒治疗和对症治疗。

1. 可用25%葡萄糖注射液，配合巴比妥静注输液治疗，效果较好。或静脉注射5%葡萄糖生理盐水与高渗葡萄糖注射液，同时配合口服盐类泻剂及必要的对症治疗。

2. 对膘情较好的骆驼颈静脉放血500～1000毫升后，输入10%葡萄糖注射液1500～2000毫升，每日2次，连用3～4天。氯丙嗪注射液0.5毫克/千克体重剂量，肌肉注射，每日1次，连用3～4天。硫酸钠300克溶于1000毫升水中，一次灌服。

（八）药用价值

草麻黄为重要的药用植物，茎入药，能发汗、散寒、平喘、利尿，主治感冒、喘咳、支气管哮喘、支气管炎、水肿。根入药（药材名麻黄根），能止汗、清肝、化痞、消肿、治伤、止血，主治黄疸性肝炎、创伤出血、子宫出血、吐血、便血、咯血、搏热、劳热、内伤。现代药理研究证明，麻黄素有松驰血管平滑肌，增强心脏收缩力，增加心输出量以及兴奋中枢等作用。所含生物碱经提纯制成麻黄素，临床上用于治疗气管哮喘及荨麻疹等变应性疾病，并可用以散瞳及局部治疗黏膜炎症。草麻黄水提取物口服或腹腔注射有镇咳作用。

十四、沙冬青中毒

沙冬青是豆科沙冬青属的多年生植物，别名冬青、蒙古黄花木。其根系特别发达，每年春季3月末至4月上旬开花，其黄色的花满山遍野，放牧牲畜因贪青喜食引起中毒，其他季节牲畜一般不采食，沙冬青属季节性中毒植物。在阿拉善盟，主要分布于阿左旗的腾格里、超格图呼热、温都尔勒图、吉兰泰、巴彦诺日公、乌力吉、敖伦布拉格、宗别立、嘉尔嘎勒赛汉等苏木镇。

（一）形态特征

常绿灌木，高150～200厘米，多分枝。树皮黄色或黄绿色，幼枝密被灰白色平伏绢毛。叶为掌状三出复叶，少有单叶；托叶小，三角形或三角状披针形，与叶柄连合而抱茎；叶柄长5～10毫米，密被银白色绢毛；小叶菱状椭圆形或卵形，先端锐尖或钝、微凹，基部楔形或宽楔形，全缘，两面密被银灰色毡毛。总状花序顶生，具花8～10朵；苞片卵形，有白色绢毛；花萼钟状，稍革质，密被短柔毛，萼齿宽三角形，边缘有睫毛；花冠黄色，旗瓣宽倒卵形，边缘反折，顶端微凹，基部渐狭成短爪，翼瓣及龙骨瓣比旗瓣短，翼瓣近卵形，上部一侧稍内弯，耳短，圆形，龙骨瓣矩圆形，耳短而圆；子房披针形，有柄，无毛。荚果扁平，矩圆形，无毛，顶端有短尖，含种子多颗、球状肾形。花期4～5月，果期6～7月。

（二）牲畜中毒病发生情况

1999年4月中旬，阿左旗超格图呼热苏木的辉图高勒嘎查和腾格里额里斯苏木的查拉湖、特莫乌拉、塔拉毛台、塔本陶勒盖嘎查的11个羊群中发生冬青花中毒。饲养的3378只羊中，发病959只，发病率28.39%，死亡101只，死亡数占发病数的10.53%。马、骡、驴、骆驼等一般不采食，只有羊只采食后引起中毒，尤其是绵羊或乏弱、幼龄羊发病较多，并且死亡率也较高。

（三）中毒症状

沙冬青嫩枝、叶、花和种子有毒，在春季放牧牲畜因贪青喜食嫩枝、叶和花引起中毒，主要危害羊。病羊四肢无力，行走困难，左右摇摆似醉状，有的卧地不起，将头部平放地面呈睡状。严重的口吐白沫，呼吸急促，心跳加快，结膜发绀、腹胀并且有腹痛症状，如不及时采取措施治疗，可在4～6小时内死亡。

（四）病理剖检变化

瘤胃内充满沙冬青花，胃黏膜充血且易脱落；肝呈土黄色，质脆；肾被膜下斑状出血；心内膜和心外膜均有点状出血。

（五）诊断

根据牲畜有采食沙冬青嫩枝叶的病史，再结合行走困难、摇摆似醉酒状、口吐白沫、呼吸急促等临床表现，可做出诊断。

（六）防治措施

预防措施：对该病应以预防为主，在沙冬青开花季节应控制放牧时间在1小时之内，然后尽快赶往无沙冬青草场放牧。阴雨天或气温较低时禁止在长沙冬青的草场放牧，对中毒羊严禁饮水并留在原地不要随意挪动，以防病情加重或死亡。

治疗措施：轻度中毒病例只需留在原地3～4小时可自行恢复，严禁驱赶病羊和饮水。重症羊只灌服食醋30～50毫升或酸奶50～80毫升加水30～50毫升，一般即可治愈。

（七）药用价值

沙冬青枝、叶入药，能祛风、活血、止痛，外用主治冻疮，可治疗慢性风湿性关节痛。

十五、锁阳中毒

锁阳是锁阳科锁阳属多年生肉质寄生草本，别名地毛球、羊锁下拉、铁棒锤、锈铁棒。常寄生于白刺属植物的根部，每年7月末开始寄生，到第二年4月中旬出土，到5月末就自然干枯的一年生植物。锁阳在阿拉善全盟均有分布，在阿左旗主要分布于超格图呼热、腾格里额里斯、额尔克哈什哈、温都尔勒图、吉兰泰。生于荒漠草原、草原化荒漠与荒漠地带。

（一）形态特征

多年生肉质寄生草本，无叶绿素，高15～100厘米，大部埋于沙中。寄主根上着生大小不等的锁阳芽体，近球形或椭圆形，直径6～15毫米，具多数须根与鳞片状叶。茎圆柱状，直立，棕褐色，直径3～6厘米，埋于沙中的茎具有细小须根，基部较多，茎基部略增粗或膨大；茎着生鳞片状叶，中部或基部较密集，呈螺旋状排列，向上渐稀疏，鳞片状叶卵状三角形，先端尖。肉穗状花序生于茎顶，伸出地面，棒状，矩圆形或狭椭圆形，着生非常密集的小花，花序中散生鳞片状叶；雄花、雌花和两性花相伴杂生，有香气；雄花长3～6毫米，花被片通常4，离生和合生，倒披针形和匙形，下部白色，上部紫红色，密腺近倒圆锥形，长2～3毫米，顶端具4～5钝牙齿，鲜黄色，半抱花丝，雄蕊1，花丝粗，深红色，当花盛开时长可达6毫米，花药深紫红色，矩圆状倒卵形，长约1.5毫米；雌花长约3毫米，花被片5～6，条状披针形，花柱长约2毫米，上部紫红色，柱头平截，子房下位，内含顶生下垂胚珠1；两性花少见，花被片狭披针形，雄蕊1，着生于下位子房上房，花丝极短，花药情况同雄花，雌蕊情况同雌花。小坚果，近球形或椭圆形，顶端有宿存浅黄色花柱，果皮白色。种子近球形，深红色，种皮坚硬而厚。花期5～7月，果期6～7月。

（二）牲畜中毒病发生情况

1997年4～5月份，阿左旗豪斯布尔都苏木和查干布拉格苏木的巴某某等7户牧民共饲养骆驼483峰，发生锁阳中毒骆驼144峰，发病率29.81%，死亡1峰，死亡数占发病数的0.69%。

（三）中毒症状

新鲜锁阳肉质，含较多水分，适口性好，牲畜往往由于干旱缺草而大量采食引起中毒。病驼兴奋不安，易惊，口吐白沫，流泪，行步蹒跚，呻吟，不顾一切向前冲或后退。有时冲撞墙壁、圈舍沙丘、河谷等，不听使唤，挣脱缰绳，常无日的乱跑、不躲避障碍物，甚至咬人伤人。饮食欲减少或停止，体温、脉搏、呼吸一般正常。

（四）诊断

根据牲畜有过量采食锁阳的病史，再结合兴奋不安、口吐白沫、行步蹒跚、前冲或后退等临床表现，可做出诊断。

（五）防治措施

预防措施：

1. 阿拉善是我国锁阳优势分布生长地区之一，尤其到了每年4～5月份从土壤中露出地面，由于干旱缺草，骆驼处在饥饿状态，并且膘情比较乏弱，故而大量采食锁阳而引起中毒。因此，在每年春季应加强草原放牧管理，及时将骆驼移牧到无锁阳生长的地方放牧，防止采食是最好的预防方法。

2. 当地牧民习惯于冬春季节采挖后饲喂骆驼、羊、牛、猪，有较好的营养价值，每次用量骆驼600～100克，牛400～800克，羊250～500克，每天喂1次，连续饲喂15天左右要停止饲喂，如果长期大量饲喂即可引起中毒。

治疗措施：本病尚无特效解毒药物，发生中毒后只能采取一般治疗。

1. 颈静脉放血500～800毫升，同时静脉注射5%葡萄糖3000～6000毫升，同时加入维生素C 50～80毫升。

2. 灌服浓糖茶，取砖茶200克、白沙糖100克，加水5000毫升煮沸0.5小时，放凉后一次灌服。也可灌服小米汤，小米100克、青萝卜500克，加水2500毫升，煮烂捣碎放凉后一次灌服。灌服酸奶，酸牛奶（羊奶）500～1000毫升，加水3000毫升一次灌服。

（六）药用价值

锁阳除去花序的肉质茎供药用，能补肾、助阳、益精、润肠，主治阳痿遗精、腰膝酸软、肠燥便秘。也作蒙药用，能止泻健胃，主治肠热、胃炎、消化不良、痢疾等。现代药理研究发现，锁阳具有抗肿瘤抗炎、增强免疫、清除自由基、抗血小板聚集和糖类皮质激素样作用等多种功效，阿拉善锁阳已被列入国家地理标志性农产品登记名录。

十六、沙葱中毒

沙葱又叫蒙古韭，是百合科葱属多年生草本植物，别名蒙古葱。中毒是由于牲畜采食了大量沙葱而引起的一种急性中毒病，其中毒特征是病畜表现高热、血尿，以及实质器官变性。蒙古韭生于荒漠草原及荒漠地带的沙地或干旱山坡。主要分布于阿左旗的腾格里额里斯、超格图呼热、嘉尔嘎勒赛汉、吉兰泰、宗别立等苏木镇。

（一）形态特征

鳞茎数枚紧密丛生，圆柱状；鳞茎外皮灰褐色，撕裂成松散的纤维状。叶半圆柱状至圆柱状，粗0.5～1.5毫米，短于花葶。花葶圆柱状，高10～35厘米，近基部被叶鞘；总苞单侧开裂，膜质，宿存；伞形花序半球状至球状，通常具多而密集的花；小花梗近等长，长0.5～1.5厘米，基部无小苞片；花较大，淡红色至紫红色；花被片卵状矩圆形，先端钝圆，外轮长约6毫米，宽约3毫米，内轮长约8毫米，宽约4毫米，花丝近等长，基部合生，与花被片贴生，外轮者锥形，内轮的基部狭卵形；子房卵状球形；花柱长于子房，但不伸出花被外。花果期7～9月。

（二）牲畜中毒病发生情况

在阿左旗放牧牲畜沙葱中毒的发生历史，可追溯到20世纪50年代。常发生的区域为吉兰泰与宗别立交界的本井一带，以及豪斯布尔都、通古淖尔及腾格里铁矿区一带。据不完全统计，20世纪50年代末，本井一带因沙葱中毒的骆驼有70余峰，羊300余只。20世纪60年代，本井、腾格里铁矿一带和豪斯布尔都3处发生中毒骆驼120多峰，羊450多只。1984年6月，宗别立红旗水库一带有4群羊约1000余只发生沙葱中毒。吉兰泰五队王某某有（通场移牧到红旗水库附近放牧）250只山绵羊发生中毒，死亡17只。1989年5月，嘉尔嘎勒赛汉阿拉坦乌素王某某有417只山绵羊因采食过量的沙葱发生中毒，死亡86只。1997年7月，吉兰泰镇召素陶勒盖嘎查牧民陶某某的马群，共饲养马30余匹，中毒21匹，发病率70%。1999年7月，腾格里苏木乌兰哈达嘎查牧民马某某等2户共饲养骆驼33峰，全部中毒，发病率100%。1998年5月，腾格里苏木塔本陶来盖嘎查牧民巴某某等3户共饲养骆驼66峰，7峰因过量采食沙葱而死亡，而且死亡的均是体质乏弱、年龄在3～7岁之间的骆驼。2009年10月下旬，温都尔勒图镇扎哈道兰嘎查敖某某共饲养骆驼73峰，陆续发生沙葱中毒3峰，发病率4.1%。

阿左旗每年到春季，雨量比较充沛，此时沙葱生长十分茂盛，且色绿适口性好，牲畜往往贪青喜食而发生中毒。羊、骆驼、马属动物均可发生中毒，尤以羊和骆驼中毒较多，约占中毒地区牲畜的0.1%～0.2%。

（三）牲畜中毒病流行特点

地区分布：沙葱广泛生长于阿左旗戈壁、沙漠及半荒漠地区。春季当其他牧草处于萌发阶段时，沙葱已长出地面几个厘米，牲畜喜食，此时如果放牧管理不当，可导致牲畜长期过量单一采食沙葱引起中毒。在阿左旗沙葱的优势分布区，主要是在本井、腾格里铁矿一带、豪斯布尔都及通古淖尔等地。

季节分布：每年的4～10月为沙葱生长期，尤以4月中旬为沙葱生长旺盛时期，当其他牧草还在萌芽状态时，沙葱已有10厘米左右的高度，牲畜大量采食发生中毒。到秋季7～10月份，若偶遇多雨季节时，沙葱又能迅速生长，一昼夜即可生长2～3厘米，牲畜大量采食也可发生中毒。

畜群分布：在沙葱生长旺盛的草场上长期放牧牲畜，不分年龄、性别和畜种均可发生不同程度的中毒。

（四）中毒症状

骆驼：急性中毒者，口大张，吐白沫，流眼泪，迎风疾跑；兴奋，行走时无目的转圈，行走困难、不避障碍物。或卧地不起，或来回走动，步态呈醉状；或出现神经症状，受外界刺激时，有惊吓表现；角弓反张最终口、鼻出血而死亡。慢性中毒骆驼毛色发青、变暗，易患皮肤病。体温37.8～38.9℃之间，呼吸10～18次／分钟，心跳45～56次／分钟。粪球干燥，两端尖，并混有带血的黄色黏液，使多个粪球黏在一起，形成一个大的球团。怀孕母驼易引起流产，春季极易引起死亡。

马：病初精神沉郁，食欲减退或停止，流泪，体温升高到40℃以上，呼吸困难，心跳加快达80～100次／分钟，尿血，呈现黑褐色，转为慢性时眼球下陷，呈现慢性肠炎、拉痢，如果不及时采取治疗措施，最终因呼吸困难极度消瘦而致死。

（五）病理剖检变化

剖检可见，骆驼瘤胃内有多量的沙葱，并有特殊的沙葱气味。心脏体积增大，心室内充满暗红色血液，心肌质地较松软，外观呈暗灰色。肝脏体积增大，质地脆，色灰黄。

（六）诊断

根据牲畜有过量采食沙葱的病史，再结合口吐白沫、流泪、惊恐不安、行走困难、步态呈醉状等临床表现，可做出诊断。

（七）防治措施

预防措施：加强饲养管理，及时饮水，避免在生长有连片集中沙葱的草场放牧，特别是马属动物不要盲目进入。如发现牲畜大量采食沙葱，迅速移牧至山地草场。雨后一段时间内应制止牲畜随意采食沙葱，可有效地预防中毒的发生。

治疗措施：本病无特效解毒药物，发生中毒后只能采取一般解毒治疗和对症治疗。

1. 及时排毒解毒保肝。对中毒骆驼静脉放血，用5%葡萄糖注射液1500毫升静脉滴注，轻症每天2次，连注3～4天。也可以用0.9%生理盐水注射液1500毫升、5%葡萄糖注射液1500毫升、维生素C注射液3～9克，以上药品混合一次静脉注射，连用3天。特别乏弱的骆驼采用注射强心剂。

2. 消黄散300克、清热解毒散100克、清心散100克置盆中加开水1000～1500毫升搅匀，晾凉灌服。用法是大骆驼500克，小骆驼250～300克，选择晴朗天气早晨空腹灌服，隔天重复1次。

3. 对中毒病马灌服三黄汤，处方黄连25克、黄芩50克、黄柏35克，共为细末煎汤用胃管投服，每天2次，连用3天。

4. 大量饮井水5～15升。酸奶5升加10升水，每天1次，连用1～2天。食醋2.5升加水3～5升，每天1次，连用1～2天。

（八）药用和食用价值

沙葱地上部分入蒙药，能开胃、消食、杀虫，主治消化不良、不思饮食、秃疮、青腿病等病症。沙葱具有悠久的食用传统，清香可口，营养丰富，味辛而不辣，色泽深绿、质地脆嫩、口感极佳，可煲制各种营养汤、烹调各种菜肴。可以作新鲜蔬菜、腌制食用或作调味品用。

十七、碱韭中毒

碱韭是百合科葱属的多年生草本植物，别名碱葱、多根葱、石葱。生于荒漠草原带、干草原带、半荒漠及荒漠地带的壤质、沙质棕钙土、淡粟钙土或石质残丘坡地。在阿拉善，主要分布于阿左旗的巴彦浩特、吉兰泰、巴彦诺日公、超格图呼热等苏木镇。

（一）形态特征

鳞茎多枚紧密簇生，圆柱状；鳞茎处皮黄褐色，撕裂成纤维状。叶半圆柱状，边缘具密的微糙齿，粗0.3～1毫米，短于花葶。花葶圆柱状，高10～20厘米，近基部被叶鞘；总苞2裂，膜质，宿存；伞形花序半球状，具多而密集的花；小花梗近等长，长5～8毫米，基部具膜质小苞片，稀疏小苞片；花紫红色至淡紫色，稀粉白色；外轮花被片狭卵形，长2.5～3.5毫米，宽1.5～2毫米；内轮花被片矩圆形，长3.5～4毫米，宽约2毫米；花丝等长，稍长于花被片，基部合生并与花被片贴生，外轮者锥形，内轮的基部扩大，扩大部分每侧各具1锐齿，极少无齿；子房卵形，不具凹陷的蜜穴；花柱稍伸出被外。花期6～8月，果期8-9月。

（二）牲畜中毒病发生情况

根据阿拉善左旗畜禽疫病流行防治概况介绍，在阿左旗历史上就有牲畜碱韭中毒的记载。20世纪50年代末期至80年代初期，共发生碱韭中毒事件10余次，共计发病中毒骆驼500余峰，死亡23峰；发病中毒羊1535只，死亡羊186只，造成了很大的经济损失。2001年10月下旬以来，阿左旗木仁高勒苏木巴音塔拉嘎查的阿某某等5户牧民饲养羊743只，发生中毒115只，发病率15.48%，死亡25只，死亡数占发病数的21.74%。

（三）中毒症状

病初精神沉郁、体温升高至41℃左右，饮食欲减少或停止。有的时起时卧，行走困难，呼吸极度困难。体温41℃以上，心跳80～90次/分钟，尿液呈褐色，颌下水肿，发病中后期，出现下颌水肿、腹水、突然死亡为主要特征。急赶或用车运输等应激反应时很快死亡。

（四）病理剖检变化

剖检可见，尸僵不全，血液呈黑紫色，皮下有淡黄色液体。肺脏肿大，切面流出紫色血液。肝脏肿大呈黑褐色，胆囊肿大，充满浓稠的胆汁。脾脏、肾脏肿大，松软。真胃的螺旋形皱褶极度肿胀，外观呈现充满气体样，切开后有多量的淡黄色液体流出。腹腔内有3～5千克的淡黄色液体，膀胱空虚无任何尿液。

（五）诊断

根据牲畜有过量采食碱韭的病史，再结合流行病学调查、临床症状及剖检变化等，即可做出诊断。

（六）防治措施

预防措施：加强饲养管理，坚持预防为主的方针，在生长有大量碱韭的草场放牧时，应采取交替放牧的办法，发现有中毒情况时及时移牧到没有碱韭的草场放牧。

治疗措施：本病无特效解毒药物，发生中毒后只能采取一般解毒治疗和对症治疗。

1. 对膘情好的羊颈静脉放血100～500毫升，再颈静脉输入5%葡萄糖注射液3000～4000毫升。

2. 为防止继发感染，可应用抗生素和磺胺类药物。对放牧途中发病并且病情较重的羊，禁止急赶、拉运，以防止急性死亡。尽量卧地休息，对下颌水肿严重的可用中宽针穿刺放出水肿液。

（七）利用价值

饲用价值：碱韭有辛辣气味，可促进食欲，起到健胃的作用，蛋白质含量也较高，是一种优质饲草，所有牲畜都喜欢采食，但若采食过量易引起中毒。食用价值：碱韭可作为野菜和调味品食用。园林绿化：碱韭花紫色至近白色，叶丛披散，植株低矮，可作为园林观赏植物物种。

十八、白刺果实中毒

白刺是蒺藜科白刺属灌木，学名小果白刺，别名西伯利亚白刺、哈蟆儿。小枝条白色，尖端具有刺状。生于轻度盐渍化低地，湖盆边缘、干河床边，可成为优势种并形成群落。白刺是阿拉善荒漠及半荒漠草原的主要优势物种之一，在阿左旗主要分布于腾格里额里斯、超格图呼热、额尔克哈什哈、吉兰泰、乌力吉及银根等苏木镇。

（一）形态特征

灌木，高0.5～1米。多分枝，弯曲或直立，有时横卧，被沙埋压形成小沙丘，枝上生不定根；小枝条白色，尖端刺状。叶在嫩枝上多为4～6个簇生，倒卵状匙形，长0.6～1.5厘米，宽2～5毫米，全缘，顶端圆钝，具小突尖，基部窄楔形，无毛或嫩时被柔毛，无柄。花小，黄褐色，排成顶生蝎尾状花序；萼片5，绿色，三角形；花瓣5，白色，短圆形；雄蕊10～15；子房3室。核果近球形或椭圆形，两端钝圆，长6～8毫米，熟时暗红色，果汁暗蓝紫色；果核卵形，先端尖，长4～5毫米。花期5～6月，果期7～8月。

（二）牲畜中毒病发生情况

2008年7月下旬，在吉兰泰镇呼和温都尔和额然陶勒盖2个嘎查的潘某某和高某某等8户牧民共饲养羊3050只，羊群中因采食白刺果实引起中毒60只，主要表现为胃肠阻塞症，发病率1.97%，死亡53只，死亡数占发病数的88.33%。

（三）中毒症状

白刺幼嫩枝叶适口性好，牲畜喜食，植株成熟后尖端具刺，一般很少采食。成熟的果实颜色诱人，如果放牧管理不当，过量采食可引起中毒。病羊表现精神沉郁，不愿走动，拱背站立，四肢集于腹下，躺卧时很小心，并发出呻吟声，时起时卧，反刍停止或减少，腹围增大，左腹部膨胀隆起。后期病羊倦怠无力，四肢颤抖，步行不稳，常卧地呈昏迷状态。体温一般正常，脉搏快而弱，呼吸数增多。站立时后肢频频移动，排粪减少，干燥，多黏液，反刍时边反刍边吐出大量的白刺种子。触诊瘤胃重而坚实并有疼痛感，加力触诊出现不安，向前移走，或屈曲后肢，呈蹲坐姿势，抗拒检查。

（四）病理剖检变化

口腔流出黄绿色液体，打开口腔内有残存多量的白刺果实。剖开瘤胃、网胃，其内充满大量的白刺果实。小肠、回肠、空肠内有比较稀的内容物，直肠内有少量成形的粪球，其他脏器均正常。

（五）诊断

根据牲畜有过量采食白刺果实的病史，再结合腹围增大、左腹部膨胀、排粪减少干硬等临床表现，可做出诊断。

（六）防治措施

预防措施：在白刺结籽及果实成熟期间，采取上午在没有白刺的草场放牧，下午在有白刺的草场放牧，以防止单一多量采食白刺的果实引起阻塞症。

治疗措施；本病无特效解毒药物，只能采取一般治疗。对于病危的羊只，可进行瘤胃切开手术，将瘤胃内的白刺果实全部掏出，可取得较好的治疗效果，但在草原牧区实施十分困难。

（七）药用价值

白刺果实味酸甜，可食，可入药，能健脾胃、滋补强壮、调经活血，主治身体瘦弱、气血两亏、脾胃不和、消化不良、月经不调和腰腿疼痛等病症。果实也作蒙药用，健脾胃、助消化、安神解表、下乳，主治脾胃虚弱、消化不良、神经衰弱及感冒等病症。

十九、霸王幼芽中毒

霸王是蒺藜科霸王属多年生灌木。生于荒漠、草原化荒漠及荒漠化草原地带，特别是在戈壁覆沙地有时成为建群种形成群落。亦散生于石质残丘坡地、固定与半固定沙地、干河床边、沙砾质丘间平地。在阿左旗主要分布于腾格里、温都尔图、超格图呼热、吉兰泰及巴彦诺日公等苏木镇。

（一）形态特征

灌木，高70～150厘米。枝疏展，弯曲，皮淡灰色，木材黄色，小枝先端刺状。叶在老枝上簇生，在嫩枝上对生；具明显的叶柄，叶柄长0.8～2.5厘米：小叶2枚，椭圆状条形或长匙形，长0.8～2.5厘米，宽3～5毫米，顶端圆，基部渐狭。萼片4，倒卵形，绿色，边缘膜质，长4～7毫米；花瓣4，黄白色，倒卵形或近圆形，顶端圆，基部渐狭成爪，长7～11毫米；雄蕊8，长于花瓣，褐色，鳞片倒披针形，顶端浅裂，长约为花丝长度的2／5。蒴果通常具3宽翅，偶见有4翅或5翅者，宽椭圆形或近圆形，不开裂，长1.8～3.5厘米，宽1.7～3.2厘米：通常具3室，每室1枚种子。种子肾形，黑褐色。花期5～6月，果期6～7月。

（二）牲畜中毒病发生情况

2007年6月，阿左旗嘉尔嘎勒赛汉镇鹗门高勒嘎查的王某某和肖某某等4户牧民饲养的110余峰骆驼，2天之内死亡15峰。其中，肖某某家养的46峰骆驼发病8峰，死亡7峰，发病率17.39%，死亡数占发病数的87.50%。

（三）中毒症状

霸王嫩枝叶及花，牛、马不食，骆驼和羊喜食，如果采食过多可引起中毒。老龄植株或成熟后植株小枝先端具刺状，牲畜不再采食。中毒骆驼表现醉酒状，视觉障碍，步态蹒跚，有时撞墙撞树，有时直接栽倒，颈部扭伤，或导致四肢骨折。抬头困难，下嘴唇麻痹，大量流涎，持续两天两夜。结膜粉红色，颈部弯向一侧，爬卧不起，排粪正常，体温39℃，饮食欲废绝。

（四）病理剖检变化

剖检可见，内脏不易腐败，瘤胃不臌气，但出血严重，瘤胃内仅有大量霸王幼芽。真胃黏膜脱落，有出血。肝脏不肿大，肾脏水肿、瘀血，呈紫黑色，肾盂出血。淋巴结水肿，纵切有液体流出，呈大理石样花纹。

（五）诊断

根据牲畜有过量采食霸王幼嫩枝叶及花的病史，再结合醉酒状、视觉障碍、步态蹒跚、大量流涎等临床表现，剖检可见内脏器官出血，可做出诊断。

（六）防治措施

预防措施：每年春季应禁止在霸王大量生长的草场放牧，以防牲畜大量采食霸王嫩枝叶及花，是预防霸王中毒的关键。

治疗措施：尚无特效解毒药物，只能采取一般解毒治疗。

1. 中毒病畜可颈静脉放血1000～1500毫升。放血后静脉注射10%葡萄糖注射液2000毫升，维生素C100毫升，维生素B_{12}100毫升，每天2次，连用3天。

2. 也可灌服甘草水绿豆汤，取甘草250克、绿豆300克混合煮成汤，每天1次，连用3天。

（七）药用价值

霸王根入药，能行气散满，主治气滞腹胀。

二十、沙鞭中毒

沙鞭属禾本科沙鞭属多年生草本植物，别名沙竹糜子、沙竹。主要生于干旱草原带、荒漠草原带及荒漠带的流动、半流动沙地。在阿左旗分布于超格图呼热、腾格里额里斯、嘉尔嘎勒赛汉、巴彦浩特、乌力吉、巴彦诺日公及宗别立等苏木镇。

（一）形态特征

水平根茎长达2～3米，横生于沙中。秆直立，光滑无毛，高1～1.5米，诸节多密集于秆基部。叶鞘光滑无毛或微粗糙，疏松抱茎，具狭窄的膜质边缘；叶舌膜质，透明，顶端尖而通常撕裂状；叶片质地较坚韧，扁平或边缘内卷，长30～50厘米，宽可达1厘米，上面具较密生的细小短毛，下面光滑无毛。圆锥花序较紧缩，直立，长20～50厘米，宽3～6厘米，分枝斜向上升，穗轴及分枝均被细短毛；小穗披针形，含1小花，白色、灰白色或草黄色，小穗柄短于小穗，被较密的细短毛；颖草质，近相等或第一颖较短，先端渐尖至稍钝，具3～5脉，疏生白色微毛；外稃纸质，具5～7脉，背部密生长柔毛，顶端具2微裂齿；基盘较钝圆，无毛或疏生稀柔毛；芒自外稃顶端裂齿间伸出，直立，被较密的细小短毛，易脱落；内稃与外稃等长或近等长，背部圆形、无脊、密生柔毛，具5脉，中脉不甚明显，边缘内卷，不为外稃紧密包裹；花药矩圆形或短矩状条形，顶端具毫毛。颖果圆柱形，紫黑色。花果期5～9月。

（二）牲畜中毒病发生情况

1999年5月25日，吉兰泰苏里图嘎查的孟某某放牧的25峰骆驼，因大量采食细嫩的沙竹糜子引起中毒，发病6峰，死亡2峰，发病率24%，死亡数占发病数的33.33%。

（三）中毒症状

沙鞭是荒漠沙地草场上中等多年生牧草，骆驼和牛一年四季喜食，马羊次之。抽穗期刈割的干草各种牲畜喜食。春天尤其是4～5月份，其他可食牧草缺乏时，若过量采食可引起中毒，主要危害骆驼。骆驼中毒后表现口吐白沫，咬牙，腹部严重膨胀，像充气的皮球。体温正常，心跳加快，呼吸困难，行走如醉，排尿淋漓，大便停止。若盲目驱赶时易导致突然倒地，甚至急性死亡。

（四）病理剖检变化

切开瘤胃，有大量气体喷出，伴有沙竹糜子的气味和残渣。胃肠黏膜有出血点，肝脾肿大，膀胱积尿。

（五）诊断

根据牲畜有过量采食沙鞭的病史，再结合腹部膨胀、心跳加快、呼吸困难等临床表现，剖检可见瘤胃膨胀，有大量沙竹糜子，可做出诊断。

（六）防治措施

预防措施：每年春季应禁止在沙鞭大量生长的草场放牧，以防牲畜大量采食引起中毒。

治疗措施：本病无特效疗法。中毒后取酸奶25千克，加水10千克一次性灌服，产气严重的也可用套管针肷部放气。颈静脉放血1000毫升（体质弱者少放），5%葡萄糖注射液1000～5000毫升，0.9%氯化钠注射液500～1000毫升，10%安钠咖注射液20～30毫升，混合一次静脉注射，每天2次，连用3～5天。

（七）利用价值

沙鞭茎叶纤维可作造纸原料，茎秆可制作绳索。颖果可作面粉食用。也是良好的固沙植物。

二十一、沙蒿中毒

沙蒿是菊科蒿属多年生半灌木，别名漠蒿、草蒿、荒地蒿、荒漠蒿、油沙蒿。多生长于荒坡砾质坡地、干河谷河岸、固定半固定沙丘地带。在阿左旗主要分布在吉兰泰、超格图呼热、查干布拉格、额尔克哈什哈、温都尔勒图、豪斯布尔都、通古淖尔等苏木和沙漠湖盆地区。

（一）形态特征

主根明显，木质或半木质，侧根少数；根状茎稍粗，有短的营养枝。茎单生或少数，高30～100厘米，具细纵棱；上部分枝，枝短或长，斜贴向茎端；茎、枝幼时被微柔毛，后渐脱落无毛。叶纸质，上面无毛，背面初时被薄绒毛，后无毛；茎下部叶与营养枝叶长圆形或长卵形。头状花序多数，卵球形或近球形，有短梗或近无梗，基部有小苞叶，在分枝上排成穗状花序式的总状花序或复总状花序，而在茎上组成狭而长的扫帚形的圆锥花序；两性花5～10朵，不孕育，长三角形，基部圆钝，花柱短，先端稍膨大，不叉开。瘦果倒卵形或长圆形。花果期7～10月。

（二）牲畜中毒病发生情况

1999年3～4月份，阿左旗吉兰泰镇照斯陶勒盖嘎查的马某某共饲养骆驼65峰，发病10峰，发病率15.38%。

（三）中毒症状

主要危害骆驼。骆驼一般不采食沙蒿，由外来或乏弱骆驼在春初发芽时，大量空腹采食或旱情特别严重或没有其他牧草时被迫采食引起中毒。中毒初期口腔流淡黄色液体并有一股沙蒿的特殊气味，流眼泪，出现类似火车鸣的尖叫声。中毒中后期形似醉酒状，走路摇摆，乏弱骆驼易跌倒，造成骨折，知觉丧失。瞳孔散大，脉搏快而弱，体温呼吸正常，最后卧地痉挛而致死。

（四）病理剖检变化

剖检可见，口鼻腔内有稀薄的带有沙蒿的绿色液体，胃内有大量没有咀嚼的沙蒿。胃黏膜脱落，肝脏肿大。血液呈现酱油色，肺、肾等实质器官严重充血、瘀血。

（五）诊断

根据骆驼有过量采食沙蒿的病史，再结合醉酒状、走路摇摆、知觉丧失、瞳孔散大等临床表现，可做出诊断。

（六）防治措施

预防措施：加强放牧管理，防止骆驼过量采食沙蒿，是预防本病的关键。

治疗措施：

1. 对膘情好的病骆驼可从颈静脉放血500～1000毫升，再先后静注5%葡萄糖注射液1000～5000毫升，0.9%氯化钠注射液500～1000毫升，补充体液，有较好效果，但乏弱骆驼严禁放血。

2. 发现患病骆驼时，用生血粉500克，常用水5000毫升，混合成糊状一次灌服有特效。

3. 绿豆500克，小米500克，青萝卜250克，加水500毫升煮成汤一次灌服，每日1次，连用2～3天。

4. 甘草150克，水800毫升，煎煮1小时，放凉后灌服，每天1次，连用2～3天。

5. 对于中毒严重骆驼用10%葡萄糖注射液500毫升，0.9%氯化钠注射液1000毫升，安钠咖注射液10毫升，混合静脉注射。

（七）利用价值

生态价值：沙蒿为固沙先锋植物种；食用价值：种子可食用，亦可榨油食用，出油率10%左右；药用价值：幼嫩枝叶，有止咳、祛痰、平喘等功效，主治慢性气管炎、哮喘、感冒、风湿性关节炎等病症。

二十二、合头草中毒

合头草是藜科合头藜属多年生小灌木，别名合头柴、黑柴、黑老娃柴。喜生于石质残丘、碎石坡地和丘顶，也见于壤质碱化的土壤。在阿左旗主要分布于腾格里额里斯、超格图呼热、温都尔勒图等苏木镇。

（一）形态特征

灌木，株高20～50厘米。茎直立，多分枝，老枝灰褐色，通常有条状裂纹；当年生枝黑绿色。叶互生，肉质，圆柱形，长4～10毫米，黑绿色，两性，常3～4朵聚集成顶生或腋生的小头状花序。花被片5，革质，果时变坚硬且自顶端横生翅。胞果扁圆形，果皮淡黄色；种子直立，直径约1.2毫米。合头草的根系较发达，主根粗壮，入土约20～25厘米，在主根上分生有许多侧根。在内蒙古阿拉善地区，合头草通常4月初芽开始萌动，4月中旬开始长出肉质由叶，7月开花，8月结实，10月上旬种子成熟。

（二）牲畜中毒病发生情况

1999年8月14日，腾格里苏木的石某某共饲养骆驼21峰，因采食合头柴发病3峰，死亡1峰，发病率14.28%，死亡数占发病数的33.33%。1999年8月13日，超格图呼热苏木敖那图嘎查的吴某某共计饲养羊253只，其中山羊41只，因采食合头柴发病126只，发病率49.80%，死亡1只，死亡数占发病数的0.79%。

（三）中毒症状

合头草是荒漠地区骆驼抓膘植物，具有催肥作用，饲用价值较高，早春乏弱骆驼采食后能很快复壮。天气晴朗时牲畜采食一般不发病，但遇到阴雨天气过量采食发病较多，主要危害骆驼和羊。

病骆驼精神沉郁，在很短的时间胃内迅速产气、膨胀、呻吟，无目的地来回走动，起卧不安，摇头、震颤，到后期倒地死亡。死亡时口腔内流出淡绿色带有白色泡沫的液体，肛门翻出，并排出黏稠的粪便。

病羊症状基本上同骆驼，但死亡时间较长，一般在发生胃膨气后1个小时左右死亡。病羊咩叫，无目的地乱跑，不听从放牧人员的指挥，口吐白沫，饮食欲停止，最后倒地四肢乱蹬，全身震颤，窒息而死亡。

（四）病理剖检变化

由于气体形成迅速，腹腔内生大量的气体使骆驼很快死亡。死后气体继续产生，能将假肋部胀裂，同时发出响亮的爆炸声音。被胀裂的裂口在20厘米左右，有的将数根假肋胀裂离体，甩出体外数米远的地方。胃破裂，胃内容物有股合头柴的气味，胃内有大量的合头草。胃黏膜轻度脱落，胃内容物喷洒到腹腔内以及死亡骆驼周围。肝脏瘀血、暗黑色，胆囊肿大，肺脏出血、充血，心肌松软、冠状动脉有出血点，膀胱积尿。

死亡羊剖检变化基本上同骆驼，但是产气速度缓慢，也没有发现将假肋甩出体外的病例。但是死亡后0.5～1小时迅速产气，整个尸体似吹入大量气体一样。四肢直立，腹部超出脊部，用刀将胃捅破时发出响亮的声音，有大量的气体排出。同时随气体喷出部分胃内容物，并且有股合头柴的气味，胃内也有较多的合头柴。胃黏膜暗黑褐色，肝脏瘀血，呈紫黑色，肺脏充血，有针尖大小到米粒大小的出血斑点，肠内有大量气体，脾脏边缘呈黑褐色。

（五）诊断

根据放牧牲畜有过量采食合头草的病史，再结合腹部明显膨胀、口吐白沫、全身震颤、肛门翻出、窒息死亡等临床表现，可做出诊断。

（六）防治措施

预防措施：驼骆、羊在大量采食合头草后避免驱赶，必须需要驱赶时速度要慢，并随时观察是否有胃膨胀，已经发现立即停止驱赶，就地休息。阴雨天气尤其是秋季连雨天气，尽量避免在大量合头柴生长的草场上放牧。从外地移牧到有合头草生长的草场放牧，刚开始时让少量采食，逐步增加采食量，以便慢慢适应。

治疗措施：本病的治疗原则是参照反刍兽瘤胃臌气治疗，主要是排气减压、消胀，制止发酵，恢复瘤胃正常生理功能。

1. 消胀和制止瘤胃发酵，可灌服辣椒水，骆驼200～250毫升，羊50～100毫升，间隔1小时重复灌服1次。

2. 灌服白酒，骆驼500～600毫升，羊100～200毫升，间隔1小时左右重复灌服1次。也可将辣椒皮（也可用干涸芨芨草）放在火上让其产生烟雾后放到病骆驼、羊的嘴和鼻腔周围，让其随吸气时吸入，每0.5小时1次，直到不产气为止。

3. 对于膨胀特别严重的骆驼或羊，可用套管针在左侧肷窝处穿刺放气，但要特别注意缓慢放气，以防窒息死亡。为了防止继发感染和增强发病骆驼和羊的体质，可静脉注射葡萄糖注射液、氯化钠注射液和维生素C等，同时应用抗生素和磺胺类药物。

（七）利用价值

生态价值：合头草为固沙植物，有良好的固沙性能。

第四章

阿拉善其他有毒有害植物

一、有毒植物

通过作者多年的走访和实地调查，在阿拉善草原其他常见有毒植物主要有以下37种，虽然没有引起较大面积、较大区域的毒性灾害，但在个别局部地区可能对个体放牧牲畜产生毒性伤害。这些有毒植物普遍具有药用价值。

1. 麻叶荨麻

麻叶荨麻别名欣麻，荨麻科荨麻属多年生草本。

形态特征：全株被毛和螫毛，具匍匐根茎。茎直立，高100～200厘米，丛生，通常不分枝，具纵棱和槽。花期7～8月，果期8～9月。

毒性部位：根、叶有毒，刺毛也有毒。

药用价值：全草入药，能祛风、化痞、解毒、温胃，主治风湿、冒寒、糖尿病、痞证、产后抽风、小儿惊风、荨麻疹，也能解虫蛇咬伤之毒等。

生境与分布：生于干燥山野、路边、草原和坡地。主要分布于阿拉善左旗的贺兰山，阿拉善右旗的龙首山、桃花山。

2. 耧斗菜

耧斗菜别名血见愁，毛茛科耧斗菜属多年生草本。

形态特征：根肥大，圆柱形，丛生，基部具黑褐色残存叶鞘，自基部发出多数斜升或直立的茎，具纵条纹，不分枝或上部分枝、无毛。根出叶，叶表面光泽，背面有茸毛；花深蓝紫色或白色，花药黄色；蓇葖长，种子黑色，狭倒卵形，具微凸起的纵棱。花期5～6月，果期7月。

毒性部位：全草及种子有毒，花期毒性较大。

药用价值：全草入药，调经止血，清热解毒，用于治疗功能性子宫出血、痢疾、腹痛等病症。

生境与分布：生于山地路旁、河边、山地杂木林或潮湿草地。主要分布于贺兰山。

3. 芹叶铁线莲

芹叶铁线莲别名细叶铁线莲，毛茛科铁线莲属多年生草质藤本。

形态特征：根细长，棕黑色。茎纤细，有细棱，稍带光泽，疏被柔毛或近无毛。瘦果扁平，宽卵形或圆形，成熟后棕红色，被短柔毛。花期7～8月，果期9月。

毒性部位：全草有毒。

药用价值：全草入药，能健胃、消食，主治胃囊虫和肝包囊虫，外用可除疮、排脓汁等。

生境与分布：生于山坡、草地、山地路边及水沟边。主要分布于贺兰山、巴彦浩特。

4. 短尾铁线莲

短尾铁线莲别名林地铁线莲，毛茛科铁线莲属多年生藤木。

形态特征：枝条暗褐色，疏生短毛，有细棱。羽状复叶，小叶长卵形、卵形至宽卵状披针形或披针形，顶端渐尖或长渐尖，基部圆形，边缘疏生粗锯齿或牙齿。圆锥状聚伞花序腋生或顶生，萼片白色，狭倒卵形。瘦果卵形，密生柔毛。花期8～9月，果期9～10月。

毒性部位：全草有毒。

药用价值：根及茎入药，有小毒，能利尿消肿，主治浮肿、小便不利、尿血，也作蒙药用。

生境与分布：生于山地灌丛，疏林或平原路旁。分布于贺兰山。

5. 黄花铁线莲

黄花铁线莲别名缠绕铁线莲，毛茛科铁线莲属多年生草质藤本。

形态特征：茎攀缘，多分枝，表面棕黑色或暗红色，具细棱，近无毛；羽状复叶，小叶卵圆形或卵状披针形，顶端渐尖或钝尖，基部常圆形，边缘全缘；单花顶生，花梗直而粗壮，被淡黄色柔毛，无苞片；花药黄色，子房狭卵形，花柱上部被短柔毛。瘦果卵形。花期5～6月，果期7～8月。

毒性部位：全草有小毒。

药用价值：有些地区将本植物作“透骨草”入药，外洗祛风湿、止痒，主治慢性风湿性关节炎、关节疼痛等病症。

生境与分布：多生于山地、丘陵、低湿地、沙地及田边、路旁、房屋附近。分布于贺兰山、巴彦浩特。

6. 长瓣铁线莲

长瓣铁线莲别名大瓣铁线莲，毛茛科铁线莲属木质藤本。

形态特征：枝具6条细棱，幼枝被伸展长毛或近无毛，老枝无毛。小叶卵状披针形或菱状椭圆形，顶端渐尖，两面近无毛，叶柄短；花单生，生枝顶端，花梗幼时微被柔毛，以后无毛；花萼钟状，萼片蓝色或淡紫色，狭卵形或卵状披针形，花药黄色，长椭圆形，药隔被毛；瘦果倒卵形。花期6～7月，果期8～9月。

毒性部位：全草有毒。

药用价值：全草作蒙药用，有毒，外用能祛风除湿、活血止痛，主治风湿性腰腿痛、除疮排脓等；内服能消食、健胃、散结，主治消化不良、肠痛。

生境与分布：生于山坡草地或林下。分布于贺兰山。

7. 甘青铁线莲

甘青铁线莲为毛茛科铁线莲属多年生草质藤本。

形态特征：主根粗壮，木质。茎攀缘圆柱形，茎长可达4米，老茎木质，具纵棱，幼时被长柔毛，后脱落。羽状复叶，小叶卵圆形或卵状披针形，顶端渐尖或钝尖，边缘全缘，叶柄常扭曲；单花顶生，花梗直而粗壮，被淡黄色柔毛，无苞片，萼片白色或淡黄色，倒卵圆形或匙形；花丝线形，短于花药，花药黄色，子房狭卵形，花柱上部被短柔毛；瘦果卵形。花期6～8月，果期7～9月。

毒性部位：全草有毒。

药用价值：全草入药，能健胃、消食、排脓、除疮、消痞块。

生境与分布：生于荒漠地带的山地灌丛中。分布于贺兰山。

8. 白蓝翠雀花

白蓝翠雀花为毛茛科翠雀属多年生草本。

形态特征：株高10～60厘米。茎直立，具纵棱，密被反曲的白色短柔毛。叶基生或茎生，叶片五角形，两面疏被短柔毛；伞房花序，下部苞片叶状；花梗被反曲，小苞片生花梗匙状线形，萼片宿存，蓝紫色或蓝白色，外面短柔毛，花瓣无毛；退化雄蕊黑褐色，瓣片卵形，花丝疏被短毛；种子四面体形，有鳞状横翅。花期7～8月，果期9月。

毒性部位：以种子毒性最大，叶、花次之。

药用价值：全草入药，可治肠炎。

生境与分布：生于云杉林缘草甸。分布于贺兰山。

9. 角茴香

角茴香为罂粟科角茴香属一年生低矮草本。

形态特征：株高10～30厘米。根圆柱形，全株被白粉。叶基生或茎生，多数，叶片倒披针形，多回羽状细裂，先端尖，叶柄细；二歧聚伞花序多花，苞片钻形，萼片卵形，花瓣淡黄色；花药狭长圆形，子房狭圆柱形，蒴果条形或圆柱形，先端渐尖，种子多数。花果期5～8月。

毒性部位：全草有小毒。

药用价值：根及全草入药，能泻火、解热、镇咳，主治支气管炎、咳嗽、感冒发热、菌痢。全草入蒙药，能杀“粘”，清热、解毒，主治流感、瘟疫、黄疸、陈刺痛、结喉、发证、转筋痛、麻疹、炽热、劳热、毒热等。

生境与分布：生于草原与荒漠草原地带的砾石质坡地、沙质地、盐化草甸等。主要分布于贺兰山。

10. 独行菜

独行菜别名腺茎独行菜，十字花科独行菜属一年生或二年生草本，

形态特征：株高5～30厘米。茎直立或斜升，多分枝，无毛或具微小头状

毛。基生叶窄匙形，一回羽状浅裂或深裂，茎生叶线形，有疏齿或全缘。总状花序，萼片卵形，外面有柔毛；花瓣不存或退化成丝状，比萼片短；短角果近圆形或宽椭圆形，扁平，顶端微缺；种子椭圆形，平滑，棕红色。花果期5～7月。

毒性部位：全草有小毒。

药用价值：全草及种子入药，全草能清热利尿，主治小便不利、血淋、水肿等。种子（药材名葶苈子）能去痰治喘、清肺利水，主治肺疼、喘咳满闷、水肿、小便不利等。种子入蒙药，可清肠热、解毒、治咳、化痰、平喘，主治毒热，气血相讧，咳嗽气喘、血热等。

生境与分布：生于村边、路旁、田间撂荒地，也生于山地、沟谷。主要分布于巴彦浩特、贺兰山。

11. 宽叶独行菜

宽叶独行菜别名羊辣辣，十字花科独行菜属多年生草本。

形态特征：株高20～50厘米。茎直立，上部多分枝，被柔毛或近无毛。叶长圆披针形或椭圆形，先端短尖，基部楔形，边缘具稀锯齿，基部叶具长柄，茎上部叶无柄，苞片状。总状花序，圆锥状，花小，花瓣白色。果实扁椭圆形，种子宽椭圆形，扁平，光滑。花期6～7月，果期8～9月。

毒性部位：全草有小毒。

药用价值：全草入药，能清热燥湿，主治菌痢、肠炎。

生境与分布：生于村舍旁、田边、路旁、渠道边及盐化草甸。主要分布于巴彦浩特、贺兰山。

12. 遏蓝菜

遏蓝菜别名菥冥，十字花科菥蓂属一年生或二年生草本。

形态特征：茎直立，株高15～40厘米，不分枝或稍分枝，全株无毛。茎生叶倒披针形，先端圆钝，基部箭形，抱茎，边缘具疏齿或近全缘。总状花序顶生或腋生，花白色，花梗细，花瓣矩圆形。短角果近圆形扁平，有宽翅，顶端深凹缺，开裂；种子宽卵形，稍扁平，棕褐色。花果期5～7月。

毒性部位：植株幼嫩时有小毒，荚果期全草有毒。

药用价值：全草和种子入药，全草能和中开胃、清热解毒，主治消化不良、子宫出血、疖疮痈肿；种子（药材名菥冥子）能清肝明目，强筋骨，主治风湿性关节炎、目赤肿痛；种子入蒙药，能清热、解毒、强壮、开胃、利水、消肿，主治肺热、肾热、肝炎、腰腿痛、恶心、睾丸肿痛、遗精、阳痿。

生境与分布：生于山地、草甸、路旁或荒地。主要分布于贺兰山。

13. 宽苞棘豆

宽苞棘豆为豆科棘豆属多年生草本。

形态特征：株高5～15厘米，主根粗壮，茎短缩或近无茎，分枝，密丛。单数羽状复叶，叶轴及叶柄密被平伏或开展的绢毛；具小叶，卵形或披针形，先端渐尖，密被平伏白色或黄褐色绢毛；托叶膜质，与叶柄基部连合。总状花序近头状，总花梗细弱，密被短柔毛或混生长柔毛；苞片宽椭圆形，两端尖，密被绢毛；花萼筒状，混生黑色短毛，萼齿披针形；花冠蓝紫色或紫红色；荚果卵状矩圆形，膨胀，先端具短喙。花期6～7月，果期8～9月。

毒性部位：全草有毒。

药用价值：全草入蒙药，能利尿、清肺，主治水肿、肺热咳嗽、尿闭。

生境与分布：生于山前洪积滩地、河滩、亚高山灌丛草甸及杂草草甸。主要分布于贺兰山。

14. 苦马豆

苦马豆别名羊卵蛋、泡泡草，豆科苦马豆属多年生草本。

形态特征：株高20～60厘米，茎直立，具开展的分枝，全株被灰白色短伏毛。羽状复叶，小叶倒卵形或倒卵状长圆形，先端圆或微凹，基部圆或宽楔形；总状花序长于叶，花萼钟状，萼齿三角形；花冠鲜红色，旗瓣瓣片近圆形，基部具短瓣柄，龙骨瓣与翼瓣近等长；子房密被白色柔毛，花柱弯曲，内侧疏被纵裂髯毛；荚果椭圆形或卵圆形，膨胀，种子多数。花期6～7月，果期7～8月。

毒性部位：全草有小毒。

药用价值：全草入药，能利尿、止血，主治肾炎、前列腺增生、肝硬化腹水、慢性肝炎浮肿、产后出血。

生境与分布：生于盐碱化草甸、河滩林下、荒漠草原、沙质地、沟渠边缘或溪流附近。主要分布于嘉尔嘎勒赛汉、超格图呼热、吉兰泰、银根等地区。

15. 骆驼蓬

骆驼蓬别名葡根骆驼蓬，蒺藜科骆驼蓬属多年生草本。

形态特征：株高10～25厘米，茎直立或开展，多分枝，全株密生短硬毛。叶互生，卵形，全裂为条形或披针状裂片。花单生枝端，与叶对生，萼裂片条形；花瓣黄白色，倒卵状矩圆形，花丝近基部宽展；蒴果近球形，种子三棱形，稍弯，黑褐色，表面被小瘤状突起。花期5～7月，果期7～9月。

毒性部位：全草有毒。

药用价值：全草及种子入药，能祛湿解毒、活血止痛、宣肺止咳，主治关节炎、月经不调、气管炎、头痛等病症；种子能活筋骨、祛风湿，主治咳嗽气喘、小便不利、瘫痪及筋骨酸痛等病症。

生境与分布：生于干旱草地、盐碱化荒漠地带、荒漠戈壁滩或沙丘。主要分布于巴彦浩特、巴润别立、嘉尔嘎勒赛汉、超格图呼热、腾格里额里斯、吉兰泰、敖伦布拉格、乌力吉、银根等地区。

16. 地锦

地锦别名铺地锦，大戟科大戟属一年生草本。

形态特征：茎匍匐，多分枝，基部红色或淡红色。叶对生，叶片矩圆形或椭圆形，叶面绿色，有时淡红色，两面被疏柔毛，叶柄极短；花序单生，总苞陀螺状，裂片三角形；腺体矩圆形，雄花数枚，子房三棱状卵形；蒴果三棱状卵球形，种子三棱状卵球形，灰色。花期6～7月，果期8～9月。

药用价值：全草入药，能清热利湿、凉血止血、解毒消肿，主治急性细菌性痢疾、肠炎、黄疸、小儿疳积、高血压、子宫出血、便血、尿血等；外用治创伤出血、跌打肿痛、疮疖、皮肤湿疹及毒蛇咬伤等。全草也作蒙药用，能止血、燥“黄水”、愈创伤、清脑、清热，主治便血、创伤出血、吐血、肺脓溃疡、脓血症、“白脉”病、中风、结喉等。

生境与分布：生于田野、路旁、河滩及固定沙地。主要分布于腾格里额里斯、超格图呼热等地区。

17. 蓖麻

蓖麻别名大麻子，大戟科蓖麻属一年生或多年生大型草本。

形态特征：株高100～500厘米，茎直立，粗壮，中空，幼嫩部分被白粉。单叶互生，叶片盾状圆形，掌状分裂至叶片中部；总状花序或圆锥花序，与叶对生及顶生，下部雄花，上部雌花；花瓣性同株，无花瓣；雄蕊多数，花丝多分枝；花柱深红色。蒴果球形，有软刺，成熟时开裂，种子椭圆形，平滑，表面斑纹淡褐色或灰白色。花期5～8月，果期7～10月。

毒性部位：茎、叶及种子有毒，尤以蓖麻子毒性最大。

药用价值：种子、根及叶入药，能消肿排脓、拔毒，外用治子宫脱垂、脱肛、难产、胎衣不下及淋巴结结核等；蓖麻油能润肠通便；叶能消肿拔毒止痒，主治疮疡肿毒；根能祛风活血、止痛、镇静，主治风湿关节痛、破伤风等；种子也作蒙药用，能泻下、消肿，主治“巴达干”病、痞证、浮肿、虫疾、疮疡。

生境与分布：生于村旁疏林或河流两岸冲积地。主要分布于巴彦诺日公、乌力吉等地区。

18. 达乌里龙胆

达乌里龙胆别名达乌里秦艽、小秦艽，龙胆科龙胆属多年生草本。

形态特征：株高10～30厘米，全株光滑无毛，基部被枯存的纤维状叶鞘包裹。枝多数丛生，斜升，黄绿色或紫红色，近圆形。聚伞花序顶生及腋生，排列成疏松的花序；花梗斜伸，黄绿色或紫红色。蒴果内藏，狭椭圆形；种子淡褐色，有光泽，矩圆形，表面有细网纹。花果期7～9月。

毒性部位：全草有小毒。

药用价值：根入药，能祛风湿、退虚热、止痛，主治风湿性关节炎、低热、小儿疳积发热。花入蒙药，能清肺、止咳、解毒，主治肺热咳嗽、支气管炎、天花、咽喉肿痛。

生境与分布：生于草原、草甸草原、灌丛。主要分布于贺兰山。

19. 杠柳

杠柳别名北五加皮、羊奶子、羊奶条，萝藦科杠柳属蔓生灌木。

形态特征：主根圆柱状，树皮灰褐色，具乳汁，除花外，全株无毛。小枝对生，有细条纹，具皮孔。叶卵状长圆形，顶端渐尖，基部楔形。聚伞花序腋生，花多数，花萼裂片卵圆形；花冠紫红色，辐状，花冠筒短，裂片长圆状披针形；副花冠环状，雄蕊着生在副花冠内面，并与其合生。蓇葖果圆柱状，具纵条纹，种子长圆形，黑褐色。花期6～7月，果期8～9月。

毒性部位：全株有毒，尤以根皮毒性较大。

药用价值：根皮入药，能祛风湿、强筋骨、强心，主治风寒湿痹、关节炎、腰膝酸软、轻度心力衰竭、心慌、气短、脚肿。茎与根可制杀虫药。

生境与分布：生于干燥山坡、沙质地、砾石山坡、低山丘林缘。主要分布于超格图呼热等地区。

20. 圆叶牵牛

圆叶牵牛别名紫牵牛、毛牵牛、喇叭花，旋花科牵牛属一年生缠绕草本。

形态特征：茎缠绕，多分枝。叶片圆心形或宽卵状心形，基部圆，顶端锐尖或渐尖，两面疏或密被刚伏毛；花腋生，生于花序梗顶端成伞形聚伞花序，苞片线形，萼片渐尖，花冠漏斗状，紫红色或白色，花冠管白色，花丝基部被柔毛；子房无毛，柱头头状，花盘环状。蒴果近球形，种子卵状三棱形，黑褐色。花期7～9月，果期8～10月。

毒性部位：全草有毒，种子毒性最强。

药用价值：种子入药（药材名牵牛子、二丑），有小毒，能泻下、利尿、驱虫，主治腹水、腹胀便秘、蛔虫症。

生境与分布：栽培种。巴彦浩特有分布。

21. 细叶益母草

细叶益母草别名益母蒿、龙昌菜，唇形科益母草属一年生或二年生草本。

形态特征：主根圆锥形，株高30～75厘米，茎直立，茎钝四棱形，微具槽。叶卵形，基部宽楔形，掌状3全裂，叶脉下陷，被疏糙伏毛及腺点。轮伞花序腋生，花多数，向顶渐次密集组成长穗状。坚果小长圆状三棱形，基部楔形，褐色。花期7～9月，果期9月。

毒性部位：全草无毒，嫩茎叶可作放牧牲畜饲料。

药用价值：全草入药（药材名益母草），能活血调经，利尿消肿，主治月经不调、痛经、经闭、恶露不尽、急性肾炎水肿。也作蒙药用，能活血调经、利尿、降血压，主治高血压、肾炎、月经不调。果实入药（药材名茺蔚子），能活血调经、清肝明目，主治月经不调、经闭、痛经、目赤肿痛、结膜炎等。

生境与分布：生于石质丘陵、沙质草原、杂木林、灌丛、山地草甸。主要分布于贺兰山。

22. 薄荷

薄荷别名夜息香，唇形科薄荷属多年生草本。

形态特征：茎直立，株高30～60厘米，四棱形，具4槽，被疏或密柔毛，分枝或不分枝。叶卵状披针形或长圆形，基部楔形，基部以上疏生粗牙齿状锯齿，两面被微柔毛；轮伞花序腋生，花萼管状钟形，花冠淡紫色或白色；坚果小，卵珠形，黄褐色。花期7～8月，果期9～10月。

毒性部位：全草无毒，幼嫩茎尖可作菜食，嫩茎叶可作牲畜饲料。

药用价值：全草入药，能祛风热、清头目，主治热感冒、头痛、目赤、咽喉肿痛、口舌生疮、牙痛、荨麻疹、风疹、麻疹等。

生境与分布：生于水旁低湿地、湖滨草甸、河滩沼泽草甸。分布于巴彦浩特镇等地区。

23. 亚洲百里香

亚洲百里香别名地椒，唇形科百里香属小灌木。

形态特征：茎木质化，多分枝，匍匐状或斜升，被短柔毛。叶为卵圆形，先端钝或稍锐尖，基部楔形或渐狭，全缘或稀小锯齿；花序头状，花具短梗，花萼管状钟形或狭钟形；花冠紫红色或粉红色。坚果小，近圆形或卵圆形，扁状，光滑。花期7～8月，果期9月。

毒性部位：全草有小毒。

药用价值：全草入药，能祛风解表、行气止痛，主治感冒、头痛、牙痛、腹胀冷痛；外用防腐杀虫。

生境与分布：生于典型草原带的平原沙壤质土上。主要分布于贺兰山。

24. 曼陀罗

曼陀罗别名耗子阎王，茄科曼陀罗属一年生草本或半灌木状。

形态特征：株高100～200厘米，茎粗壮，圆柱形，淡绿色或淡紫色，下部木质化。叶广卵形，顶端渐尖，边缘有不规则波状浅裂；花单生于枝杈间或叶腋，直立；花萼筒状，有5棱角；蒴果直立生，卵状，表面有坚硬针刺，种子卵圆形，黑色。花期7～8月，果期9～10月。

毒性部位：全草有毒，以果实特别是种子毒性最大，嫩叶次之，干叶毒性比鲜叶小。

药用价值：花入药，能平喘镇咳、麻醉、止痛，主治哮喘咳嗽、胃痛，用于手术麻醉。叶和种子也可作药用。

生境与分布：生于村边、路边、田间、沟旁、山坡等地。主要分布于巴彦浩特、腾格里额里斯、巴润别立等地区。

25. 天仙子

天仙子别名山烟子、薰牙子，茄科天仙子属一年生或二年生草本。

形态特征：株高30～80厘米，根肉质、粗壮、纺锤状，全株密生黏性腺毛及柔毛，有臭气。茎生叶卵形或三角状卵形，顶端钝或渐尖。花单生于叶腋或苞状叶腋，聚集成蝎尾式总状花序，花冠钟状。花萼筒状钟形，花后增大成坛状，基部圆形；蒴果包藏于宿存萼内，长卵圆状，种子近圆盘形，淡黄棕色。花期6～8月，果期8～10月。

毒性部位：全草有毒。

药用价值：种子入药，能解痉、止痛、安神，主治胃痉挛、喘咳、癫狂。也作蒙药用，疗效同上。

生境与分布：生于山坡、路旁、村庄附近及河岸沙地。分布于巴润别立、巴彦诺日公、吉兰泰等地区。

26. 龙葵

龙葵别名天茄子，茄科茄属一年生草本。

形态特征：株高20～100厘米，茎直立，多分枝。叶卵形或心形，叶子互生，近全缘；蝎尾状花序腋外生，萼小，浅杯状，花冠白色；浆果球形，成熟后为黑紫色。花期7～9月，果期8～10月。

毒性部位：全草有毒，以未成熟的浆果毒性较大。

药用价值：全草入药，能清热解毒、利尿、止血、止咳，主治疔疮肿毒、气管炎、癌肿、膀胱炎、小便不利、痢疾、咽喉肿痛。

生境与分布：生于田边、路旁、荒地及村庄附近。主要分布于巴彦浩特。

27. 青杞

青杞别名草枸杞、野枸杞、红葵，茄科茄属多年生草本。

形态特征：株高20～50厘米。茎直立，有棱，多分枝，被白色弯曲短柔毛至近无毛。花冠蓝紫色，裂片矩圆形；子房卵形。浆果近球形，熟时红色；种子扁圆形。花期7～8月，果期8～9月。

毒性部位：全株有毒，以未成熟的浆果毒性较大。

药用价值：地上部分可药用，清热解毒，主治咽喉肿痛。

生境与分布：生于田边、路旁、荒地及村庄附近。主要分布于巴彦浩特、吉兰泰等地区。

28. 疗齿草

疗齿草别名齿叶草，玄参科疗齿草属一年生草本。

形态特征：直立，全株被贴伏而倒生的白色细硬毛。叶对生，花萼管状或钟状；花冠筒管状，上唇稍弓曲，呈不明显盔状，顶端全缘或微凹，下唇稍开展。蒴果长矩圆状，种子多数，下垂，具纵翅，有横纹。花期7～8月，果期8～9月。

毒性部位：全草有小毒。

药用价值：地上部分作蒙药用，能清热燥湿、凉血止痛，主治肝火头痛、肝胆瘀热、瘀血作痛。

生境与分布：生于低湿草甸及水边。主要分布于巴彦浩特。

29. 藓生马先蒿

藓生马先蒿别名土人参，玄参科马先蒿属一年生或多年生草本。

形态特征：根粗壮，茎丛生，直立或倾卧。叶互生，叶片椭圆形至披针形，羽状全裂；裂片互生，卵形至披针形，有锐重锯齿。花单生于叶腋，玫瑰色。蒴果扁卵形，包于宿存花萼内。花期6～7月，果期8月。

毒性部位：全草有小毒。

药用价值：根入药，能生津安神、强心，主治气血虚损、虚痨多汗、虚脱衰竭。全草入蒙药，能清热解毒，主治肉食中毒、急性胃肠炎。

生境与分布：生于云杉林下苔藓层及灌丛阴湿处。主要分布于贺兰山森林地带。

30. 红纹马先蒿

红纹马先蒿别名细叶马先蒿，玄参科马先蒿属多年生草本。

形态特征：根粗壮，多分枝，茎直立，单出或数枝，密被短卷毛。叶互生，轮廓披针形，羽状全裂或深裂。花序穗状，轴密被短毛；苞片披针形；花萼钟状，疏被毛或近无毛；花冠黄色，具绛红色脉纹。蒴果卵圆形，种子矩圆形，扁平，具网状孔纹。花期6～7月，果期8月。

毒性部位：全草有小毒。

药用价值：全草作蒙药用，能利水涩精，主治水肿、遗精、耳鸣、口干舌燥、痈肿等。

生境与分布：生于山地草甸草原、林缘草甸或疏林中。主要分布于贺兰山。

31. 蓼子朴

蓼子朴别名绞蛆爬、秃女子草、黄喇嘛，菊科旋覆花属多年生草本。

形态特征：株高15～45厘米，根状茎横走，木质化，具膜质鳞片状叶。茎直立，斜升或平卧，圆柱形，基部稍木质，有纵条棱，多分枝。花果期6～9月。

毒性部位：全草有小毒。

药用价值：花及全草入药，能清热解毒、利尿，主治疮痈肿毒、黄水疮、湿疹、外感发热、浮肿、小便不利。兽医用作除虫剂。

生境与分布：生于荒漠草原带及草原带的沙地与沙砾质冲积土上，也可进入荒漠带。主要分布于巴彦浩特。

32. 射干

射干别名野萱花，鸢尾科射干属多年生草本。

形态特征：株高51～90厘米，根状茎横走，鲜黄色，茎直立，单一。叶无柄，宽剑形，嵌叠状排列。花序顶生，叉状分枝，花梗细，苞片披针形或卵圆形；花橙红色；蒴果倒卵形或长椭圆形，黄绿色，成熟时室背开裂，果瓣外翻；种子圆球形，黑紫色，有光泽。花期7～8月，果期9月。

毒性部位：根、茎、叶有毒。

药用价值：根茎药用，可清热解毒，消肿止痛。

生境与分布：生于沙质草甸、山坡草地、林缘或山谷山坡。主要分布于贺兰山。

33. 马蔺

马蔺别名马莲、马兰、马兰花，鸢尾科鸢尾属多年生草本。

形态特征：株高20～50厘米，根状茎粗壮，须根稠密发达。叶基生，宽线形，基部具稠密的红褐色纤维状宿存叶鞘。花浅蓝色、蓝色或蓝紫色，花被上有较深色的条纹；蒴果长椭圆状柱形，顶端有短喙；种子多面体，棕褐色。花期5～6月，果期6～9月。

毒性部位：全株有毒，尤以花及种子毒性较大。

药用价值：花、种子及根入药，能清热解毒、止血、利尿，主治咽喉肿痛、吐血、月经过多、小便不利、淋病、白带、肝炎、疮疖痈肿等。花及种子也入蒙药，能解痉、杀虫、止痛、解毒、利疸退黄、消食、治伤、生肌、排脓、燥“黄水”，主治霍乱、皮肤痒、虫积腹痛、热毒疮疡、脓疮、黄疸性肝炎等。

生境与分布：生于山坡草地或灌丛、盐碱草甸、半荒漠乃至高寒地带。主要分布于超格图呼热、腾格里额里斯、吉兰泰、巴彦浩特等苏木镇。

34. 刺槐

刺槐别名刺儿槐，豆科刺槐属落叶乔木。

形态特征：树高1000～2000厘米，树皮灰褐色至黑褐色，深纵裂。小枝灰褐色，无毛或于幼时微有柔毛，呈刺状。羽状复叶，叶轴具沟槽。总状花序腋生，花冠白色，花萼斜钟状，花柱钻形。荚果褐色，或具红褐色斑纹，线状长圆形；种子褐色至黑褐色，微具光泽，有时具斑纹，近肾形。花期5～6月，果期8～9月。

毒性部位：茎皮、叶、豆荚和种子，尤以茎皮内层毒性最大，叶干枯后毒性减弱。

有害部位：老枝粗壮，具有针刺状。

药用价值：花、茎皮、根、叶入药，能凉血、止血，主治便血、咯血、吐血、子宫出血。

生境与分布：生于山坡、路旁、河边、密林或林缘灌木丛。

35. 山杏

山杏别名野杏，蔷薇科杏属灌木或小乔木。

形态特征：株高150～500厘米，树冠开展，树皮暗灰色，纵裂；小枝暗紫红色，被短柔毛或近无毛，有光泽。叶片卵形或近圆形，基部圆形至近心形，叶缘有细钝锯齿；花单生，先于叶开放；花萼紫红色，萼筒钟形，萼片长圆状椭圆形；花瓣近圆形或倒卵形，白色或粉红色。果实扁球形，黄色或橘红色。花期4～5月，果期7～8月。

毒性部位：叶和果仁有毒，尤以果仁毒性较大。

药用价值：山杏仁入药，功能主治同杏仁。山杏仁油用途同杏。

生境与分布：生于向阳石质山坡，主要分布于贺兰山。

36. 哈密黄芪

哈密黄芪为豆科黄芪属多年生草本。

形态特征：株高20～50厘米，主根粗长，茎丛生，直立或斜升，多分枝，疏被灰白色平伏的丁字毛。单数羽状复叶，托叶三角形，基部与叶柄连合，被平伏的丁字毛。总状花序，花萼钟状管形，花冠白色或淡红色，旗瓣倒卵形，龙骨瓣与翼瓣等长或稍短。荚果细圆柱形，微弯，种子多数。花期5～6月，果期8～9月。

毒性部位：全草有毒，尤以花期和果期毒性最大。

药用价值：药源植物，活性成分苦马豆素具有抗癌作用。

生境与分布：生于荒漠区的盐渍低地。分布于阿拉善左旗银根、额济纳旗赛汉桃来苏木孟格图嘎查。

37. 黄精

黄精别名鸡头黄精，百合科黄精属多年生草本。

形态特征：根状茎肥厚，横生，圆柱形，有少数须根，黄白色。茎高30～90厘米，叶无柄，轮生，平滑无毛，条状披针形，先端拳卷或弯曲呈钩形。花序伞形，花乳白色至淡黄色。浆果，黑色，种子多数。花期5～6月，果期7～8月。

毒性部位：黄精虽然无毒性，但新鲜时具麻味，直接采食对咽喉有刺激性。

药用价值：根茎入药，能补脾润肺，益气养阴，主治体乏力、腰膝软弱、心悸气短、肺燥咳嗽、干咳少痰、消渴等。根茎也入蒙药，能滋肾、强壮、温胃、排脓，主治阳痿、体湿乏力、寒性黄水病、头晕目眩、食积等。

生境与分布：生于林下、灌丛或山地草甸。主要分布于贺兰山。

38. 了墩黄芪

了墩黄芪别名刘氏黄芪、了墩黄耆，豆科黄芪属多年生草本。

形态特征：主根长，顿部多分叉。茎直立，有分枝，株高15～20厘米，被灰色伏贴短毛。羽状复叶有5～7片小叶，叶柄较叶轴短，托叶离生或基部合生；小叶倒卵形或倒卵圆状椭圆形，先端微凹或截平，基部楔形。总状花序生15～25花，排列较密；总花梗腋生，与叶等长或稍长；苞片卵形，花梗较花萼短；花萼钟状，被灰白色短毛，萼齿狭三角形；花冠淡紫色，旗瓣倒卵状长圆形，先端微凹，基部狭成瓣柄，翼瓣较旗瓣稍短，瓣片先端微凹，瓣片半圆形，瓣柄较瓣片短。荚果线状长圆形，成熟时淡褐色，光亮，具网纹。种子肾形，黑褐色。花期5～6月，果期6～7月。

毒性部位：全草有毒，尤以花期和果期毒性最大。

药用价值：不详。

生境与分布：生于荒漠戈壁的盐渍低地或水流冲积扇。分布于阿拉善左旗银根苏木。

二、有害植物

在阿拉善草原其他常见有害植物主要有以下18种，它们的成熟植株具有坚硬锐刺，可对放牧牲畜造成机械性损伤。

1. 沙蓬

沙蓬别名沙米、蒺藜梗、登相子，藜科沙蓬属草本。

形态特征：株高15～50厘米，茎直立、坚硬、浅绿色，具不明显条棱，基部分枝；叶无柄，披针形或条形；穗状花序紧密，卵圆状或椭圆状，无梗；果实卵圆形或椭圆形，种子近圆形，光滑，具浅褐色斑点。花果期8～10月。

有害部位：幼嫩茎叶牲畜喜食，成熟后具有小尖刺，坚硬，可造成牲畜机械性损伤。

药用价值：种子药用，味甘性凉，发表解热。

生境与分布：生于流动、半流动沙地和沙丘。在草原区沙地和沙漠中分布极为广泛，往往形成大面积的先锋植物群落。主要分布于超格图呼热、腾格里额里斯、额尔克哈什哈、嘉尔嘎勒赛汉、巴彦浩特、巴彦诺日公、吉兰泰。

2. 绵刺

绵刺别名蒙古包大宁，蔷薇科绵刺属小灌木。

形态特征：株高20～40厘米，有绢毛，茎灰棕色，多分枝。小叶片稀，先端急尖，基部渐狭，全缘，叶柄坚硬，宿存成刺状；花单生于叶腋，苞片卵形，萼筒漏斗状，萼片三角形；花瓣卵形，白色或淡粉红色；瘦果长圆形，浅黄色。花期6～8月，果期9～10月。

有害部位：成熟植株叶柄坚硬，呈刺状，可造成牲畜机械性损伤。

药用价值：不详。

生境与分布：生于沙砾质荒漠、山前洪积扇和山间谷地，常形成绵刺群落。主要分布在阿左旗北部的巴彦诺日公、吉兰泰、敖伦布拉格等苏木镇。

3. 黄刺玫

黄刺玫别名重瓣黄刺玫，蔷薇科蔷薇属直立灌木。

形态特征：株高100～200厘米，小枝褐色或褐红色，具刺。奇数羽状复叶，小叶近圆形或椭圆形，边缘有锯齿；托叶小，下部与叶柄连生，先端分裂成披针形裂片。花单生于叶腋，重瓣或半重瓣，黄色，无苞片。果球形，紫褐色或黑褐色。花期5～6月，果期7～8月。

有害部位：全株带有皮刺。

药用价值：花、果入药。花能理气、活血、调经、健脾，主治消化不良、气滞腹痛、月经不调；果能养血活血，主治脉管炎、高血压、头晕。

生境与分布：栽培种，主要栽种于巴彦浩特地区。

4. 骆驼刺

骆驼刺别名疏叶骆驼刺，豆科骆驼刺属半灌木。

形态特征：株高40～60厘米。茎直立，基部分枝，枝条平行上升。叶互生，叶片卵形、倒卵形或倒圆卵形，无毛，具短柄。总状花序腋生，花萼钟状，萼齿三角状或钻状三角形，花冠深紫红色。荚果线形，弯曲。花期6～8月，果期9～10月。

有害部位：成熟植株全株具有木质化的针刺。

药用价值：种子可治胃病。

生境与分布：生于轻度盐化的低地。主要分布于额济纳旗东风镇。

5. 中间锦鸡儿

中间锦鸡儿别名柠条，豆科锦鸡儿属灌木。

形态特征：株高70～150厘米，最高可达2米，多分枝，树皮黄绿色或黄白色，枝条细长，直伸或弯曲，幼时被绢状柔毛。羽状复叶，小叶椭圆形或倒卵状椭圆形，密被长柔毛。花萼管状钟形，密被短柔毛，花冠黄色，旗瓣宽卵形或近圆形。荚果披针形或长圆状披针形，先端短渐尖。花期5月，果期6月。

有害部位：全株具坚硬针状锐刺。

药用价值：全草、根、茎及种子入药。花能降血压，主治高血压；根能祛痰镇咳，主治慢性支气肾炎；全草能活血调经，主治月经不调；种子能祛风止痒、解毒，主治神经性皮炎、牛皮癣、黄水疮等症。种子也入蒙药，能清热，消“奇哈”，主治咽喉肿痛、高血压、血热头痛等。

生境与分布：生于固定和半固定沙丘或沙质荒漠草原。主要分布于吉兰泰镇的乌西格嘎查。

6. 柠条锦鸡儿

柠条锦鸡儿别名柠条、白柠条、毛条，豆科锦鸡儿属灌木。

形态特征：株高150～300厘米，树皮金黄色，有光泽；枝条细长，长枝灰黄色，具条棱，密被绢状柔毛。羽状复叶，小叶披针形或狭长圆形，有刺尖。花梗密被柔毛，花萼管状钟形，花冠旗瓣宽卵形或近圆形。荚果扁，披针形，被疏柔毛。花期5～6月，果期7～8月。

有害部位：全株具坚硬针状锐刺。

用途：根系发达，抗逆性强，是北方水土保持和治沙造林的重要树种；茎叶营养丰富，幼嫩时牲畜喜食，成熟后全株具针刺，收割枝条经粉碎加工成草粉饲喂牲畜；花色艳丽，是优良的蜜源、观赏和造纸植物。具有较高的生态经济价值。

生境与分布：生于荒漠、荒漠草原带的流动沙丘及半固定沙地。主要分布于腾格里额里斯、超格图呼热、吉兰泰、巴彦浩特等苏木镇。

7. 狭叶锦鸡儿

狭叶锦鸡儿别名红柠条、羊柠角、红刺、柠角，豆科锦鸡儿属矮灌木。

形态特征：株高15～70厘米，树皮灰绿色，黄褐色或深褐色，有光泽；小枝纤细，黄褐色，具条棱，幼时疏生柔毛。花萼钟状管形，花冠黄色，旗瓣圆形或宽倒卵形。荚果圆筒形，两端渐尖。花期6～7月，果期8～9月。

有害部位：全株具坚硬针状锐刺。

用途：耐干旱、抗风沙，为防风固沙和水土保持植物。

生境与分布：生于沙质土、覆沙地及砾石质坡地。主要分布于巴彦浩特、吉兰泰等苏木镇。

8. 阿拉善单刺蓬

阿拉善单刺蓬为藜科单刺蓬属一年生草本。

形态特征：株高10～20厘米，塔形，根细瘦，圆柱状。茎直立，圆柱状，有棱，有被毛，具多数排列紧密的分枝；枝互生，斜展或平展。叶针刺状，稍开展，直或稍向外弧曲；花簇生或单生，小苞片舟状，先端具刺尖；花被顶端的裂片，狭三角形，白色。胞果卵形，背腹扁，种子直立。

有害部位：全株叶具针刺状。

用途：优良饲用植物，羊、骆驼喜食。

生境与分布：生于流动沙丘边缘及沙丘间低地。主要分布于乌力吉、银根、吉兰泰等地区。

9. 刺叶柄棘豆

刺叶柄棘豆别名鬼见愁、猫头刺、老虎爪子、猫儿油，豆科棘豆属矮小半灌木。

形态特征：株高10～20厘米，根粗壮，根系发达。茎分枝，开展，全株呈球状株丛，木质化，呈硬刺状。偶数羽状复叶，小叶对生，线形或长圆状线形，先端渐尖，具刺尖。花组成腋生总状花序，花萼筒状，花后稍膨胀，花冠红紫色或蓝紫色。荚果硬革质，长圆形，种子圆肾形，深棕色。花期5～6月，果期6～7月。

有害部位：全株多刺，花、叶短小藏于刺丛中，为劣等饲用植物。

药用价值：其茎叶捣碎煮汁可治脓疮。

生境与分布：生于砾石质平原、薄层覆沙地以及丘陵坡地。主要分布于腾格里、超格图呼热、嘉尔嘎勒赛汉、巴润别立等苏木镇。

10. 沙枣

沙枣别名桂香柳、金铃花、银柳，胡颓子科胡颓子属灌木或小乔木。

形态特征：高可达15米。幼枝被灰白色鳞片及星状毛，老枝粟褐色，具枝刺。叶薄纸质，披针形，先端钝尖，基部宽楔形。花银白色，萼筒钟形，裂片宽卵形或卵状长圆形，花盘圆锥形，无毛，包花柱基部。果椭圆形，粉红色，密被银白色麟片，果肉乳白色，粉质。花期5～6月，果期9月。

有害部位：全株具枝刺。

药用价值：树皮及果实入药，树皮能清热凉血、收敛止痛，主治慢性支气管炎、胃痛、肠炎、白带，外用治烧烫伤、止血；果实能健胃止泻、镇静，主治消化不良、神经衰弱等。

生境与分布：耐盐的潜水旱生植物，为荒漠河岸林的建群种之一。在阿拉善是栽培种。主要分布在孪井滩、查哈尔滩、腰坝滩等农区。

11. 刺旋花

刺旋花别名木旋花，旋花科旋花属小半灌木。

形态特征：株高5～15厘米，全株被有银灰色绢毛，茎密集分枝，铺散呈垫状，小枝坚硬，具刺。叶片狭线形或稀倒披针形，基部渐狭，先端圆形。花密集于枝端，单花，萼片椭圆形或长圆状倒卵形，花冠粉红色，漏斗形；蒴果球形，种子卵圆形。花期6～7月，果期8～9月。

有害部位：全株具坚硬刺。

用途：蜜源植物，水土保持和固沙植物。

生境与分布：生于干沟、干河床及砾石质丘陵坡地上形成小片的荒漠群落，或散生于山坡石隙间。也见于荒漠群落中，并可成为优势种。主要分布于巴彦浩特、吉兰泰、嘉尔嘎勒赛汉等地区。

12. 黄花软紫草

黄花软紫草别名假紫草、内蒙古紫草，紫草科假紫草属多年生草本。

形态特征：根细长，含紫色物质。茎高8～12厘米，多分枝，被有开展的刚毛，混生短柔毛。茎直立，基部分枝，密生开展的长硬毛和短伏毛。叶无柄，匙状线形至线形；镰状聚伞花序，花多数，苞片线状披针形，花萼裂片线形；花冠黄色，筒状钟形，有紫色斑点。小坚果，三角状卵形，淡黄褐色，有疣状凸起。花期6～8月，果期9～10月。

有害部位：基部具有刚毛、短柔毛和硬毛。

药用价值：根入药，能清热凉血、消肿解毒、透疹、润燥通便。也作蒙药用，功能与主治同上。

生境与分布：生于荒漠化小针茅草原及猪毛菜类荒漠中，喜生沙砾质及砾石质土壤。主要分布于吉兰泰。

13. 狼紫草

狼紫草别名野旱烟，紫草科狼紫草属一年生草本。

形态特征：茎高13～45厘米，基部分枝，被开展的疏刚毛。叶两面疏生硬毛，边缘有微波状小牙齿。花序花期短，苞片比叶小，卵形至线状披针形，花冠蓝紫色或紫红色；小坚果肾形，淡褐色，表面有网状皱纹和小疣点，种子褐色，狭长卵形，肥厚。花期5～6月，果期6～8月。

有害部位：全株具有刚毛、微波状小牙齿和疏硬毛。

药用价值：叶可入药，能消炎止痛，将叶捣烂敷患处主治疮肿。

生境与分布：生于山地砾石质坡地及沟谷，也生于田间、村旁。主要分布于乌力吉、巴彦诺日公。

14. 黑果枸杞

黑果枸杞别名苏枸杞、黑枸杞，茄科枸杞属多棘刺灌木。

形态特征：株高20～60厘米，多分枝，斜升或横卧于地面，白色或灰白色，常呈之字形曲折，有不规则的纵条纹，小枝顶端渐尖成棘刺状，每节有短棘刺。叶、花簇生，幼枝上单叶互生，肥厚肉质，花生于短枝；花萼狭钟状，花冠漏斗状，浅紫色。浆果紫黑色，球状，种子肾形，褐色。花期6～7月，果期8～10月。

有害部位：全株带有棘刺。

药用价值：具有补肾益精、预防癌症、生津止渴、改善循环、补血安神、改善睡眠、润肺止咳、减缓衰老、明目等作用。

生境与分布：生于盐化低地、沙地路旁、村舍。主要分布于额济纳旗赛汉桃来、东风镇。

15. 大刺儿菜

大刺儿菜别名大蓟、刺蓟、刺儿菜、刻叶刺儿菜，菊科刺儿菜属多年生草本。

形态特征：株高50～100厘米，茎直立，粗壮，具纵沟棱，近无毛或疏被蛛丝状毛。茎下部和中部叶披针形或长圆状披针形，耳状半抱茎；上部叶条状披针形，具疏刺齿。头状花序单生，生于枝端，球形；管状花，花冠暗紫色。瘦果长圆形，淡褐黑色，稍光亮；冠毛羽状，污白色，先端略粗糙。花期6～7月，果期8～9月。

有害部位：全株有粗状锯齿或细刺。

药用价值：全草入药，能凉血止血、消散痈肿，主治咯血、鼻出血、尿血、痈肿疮毒等。

生境与分布：生于草原地带、森林草原地带退化耕地或撂荒地，也见于严重退化的放牧场和耕作粗放的各类农田，往往形成较密集的群聚。主要分布于巴彦浩特。

16. 砂蓝刺头

砂蓝刺头别名刺头、火绒草，菊科蓝刺头属一年生草本。

形态特征：株高15～40厘米。茎直立，稍具纵沟棱，白色或淡黄色，无毛或疏被腺毛或腺点，不分枝或有分枝。花期6月，果期8～9月。

有害部位：植株茎、叶、花具三角形刺齿裂或刺状缘毛，可造成牲畜机械性伤害。

药用价值：根入药，能清热解毒、消痛肿、通乳，主治乳痈疮肿、乳汁不下、乳房作胀。花入蒙药，清热、解毒、止痛，主治感冒、心热、痢疾、血热及传染性热证。

生境与分布：生于草原地带、森林草原地带及居民点、畜群点周围。主要分布于巴润别立、嘉尔嘎勒赛汉等苏木镇。

17. 蝟菊

蝟菊别名猬菊，菊科蝟菊属多年生草本。

形态特征：株高15～30厘米，根粗壮，木质，暗褐色。茎单生，基部或下部分枝，开展或斜升，有条棱，灰白色，被密厚绒毛或变稀毛；叶基生，长椭圆形，羽状浅裂或深裂；冠毛多层，褐色，向内层渐长，基部连合成环，整体脱落；瘦果楔状倒卵形，边缘浅波状。花期7～8月，果期9～10月。

有害部位：全株具尖锐针状刺。

药用价值：全草入药，清热解毒，凉血止血，主治疮痈肿毒、吐血、子宫功能性出血、外伤出血。

生境与分布：生于沙壤质、砾质栗钙土，也常见于山地阳坡草原石质土上。主要分布于巴润别立、敖伦布拉格等苏木镇。

18. 鹤虱

鹤虱别名小粘染子，紫草科鹤虱属一年生或多年生草本。

形态特征：茎直立，高20～35厘米，中部以上多分枝，全株（茎、叶、苞片、花梗、花萼）均密被白色细刚毛。花果期6～8月。

有害部位：果实成熟后其钩刺十分坚硬，可对放牧牲畜造成机械性损伤。

药用价值：民间将果实入药，有消炎杀虫之效果。

生境与分布：喜生于河谷草地、山地草甸及路旁等处。主要分布于阿拉善左旗的巴彦浩特、巴润别立等苏木镇。

第五章

阿拉善牲畜有毒有害植物中毒病综合诊断

牲畜有毒植物中毒是一种常见、危害严重的中毒性疾病。在适度放牧的草场，因其他可食牧草丰富，当地牲畜一般不会主动采食有毒植物。但在过度放牧的情况下，草场退化、沙化，有毒植物在草场上的密度逐年增加，造成草场毒草化，使草场质量急剧下降，牲畜因饥饿而被迫采食有毒植物，导致中毒发生。干旱年份，其他牧草特别是根系较浅的牧草，大多生长不良或枯死，而有毒植物根系发达，耐寒抗旱，生长相对旺盛，易为牲畜所采食而发病。特别是从外地调运或转场的牲畜，因牲畜对有毒植物的识别能力差，易误食而发病。长期以来，由于草原的不合理利用和人为的过度干扰，阿拉善草原生态变得极度脆弱，生态环境持续恶化，导致放牧牲畜有毒植物中毒病呈现多发、频发，甚至暴发态势，给牧民的生产和生活造成严重影响。目前针对草原放牧牲畜有毒植物中毒病的诊断，尚无特异性的诊断方法，在实际工作中往往采取综合性诊断做出判断。

一、流行病学调查

牲畜有毒植物中毒主要发生在有毒植物生长的天然草原，本病的发生主要与下列因素有关。

1. 与草原生态变化有密切关系

有毒植物适于生长在植被破坏的地方，这不仅与其抗逆性强、抗干旱、耐寒等特性有关，更重要的是草场管理不善、过度放牧、草场退化及植被破坏等，为这些有毒植物的蔓延和密度增加提供了条件。有毒植物与草场可食牧草争夺生境，进一步加剧了草场退化，造成恶性循环。一般有毒植物适口性不佳，在牧草充足时，牲畜并不采食，而当可食牧草耗尽或发生雪灾时才被迫采食。因此，一般年份常在每年冬、春季节发生中毒，干旱年份全年发病并有暴发的倾向。

2. 与饲养管理有关

有毒植物在结籽期适口性相对较好，牲畜主动采食较多而发生中毒。有经验的牧民在结籽期不在生长有毒植物的草原上放牧，可避免中毒造成损失。但在干旱年份由于可食牧草缺乏，特别是没有充分的干草贮备，饲养管理不善，有可能造成灾难性后果。

3. 与采食量密切有关

有毒植物的种类不同、生长季节或物候期不同，其毒性强弱存在差异。对于毒性较大的有毒植物，牲畜采食少量即可引起急性中毒，甚至导致死亡；对于毒性较小的有毒植物，当牲畜大量采食时可在1～2周内发生中毒，若连续少量采食常需1～2个月甚至更长的时间才发生慢性中毒。有些有毒植物新鲜时毒性较大，牲畜少量采食引起中毒，但秋冬季枯萎后毒性减弱，牲畜可采食。由此可见，牲畜有毒植物中毒病的发生与采食量多少密切相关。

二、临床症状检查

在阿拉善荒漠半荒漠草原，牲畜有毒植物中毒病主要危害的是羊，其次是骆驼，其他牲畜相对较少，其临床症状表现可分初期、中期和后期3个时期。

1. 初期症状

患病羊表现为精神不振，反应迟钝，消瘦，体重下降，被毛粗乱无光泽，行走步态不稳，放牧时呆立，易落群。体温正常或偏低，心跳和呼吸正常。

2. 中期症状

患病羊表现为精神沉郁，消瘦，贫血，眼半闭，头颈部不断地做水平震颤或摇动，以致不能食草。行走时后肢不灵活，弯曲外展，步态蹒跚，驱赶时后躯向一侧歪斜，往往欲快不能而倒地。中毒羊在安静状态下可能看不出症状，但在应激时，如用手提耳便立即出现摇头、突然倒地等典型中毒症状，中毒母羊还会表现出发情周期紊乱、不孕、流产、早产、产死胎、产弱胎、产畸胎等，胎儿畸形表现为前肢侧弯，跗关节前曲和过度松弛，以及胸关节屈曲等。中毒公羊还会表现出睾九萎缩、精子生成障碍、精子畸形、精子活力下降等。同时，中毒羊还常伴发腐蹄病、肺炎等。

3. 后期症状

患病羊表现为精神极度沉郁，体温下降，心率减慢，节律不齐，呼吸困难；走路时颈部及四肢肌肉僵硬，后肢拖地或弯曲，严重者卧地不起，起立困难，呈现全身瘫痪，甚至视力丧失，最后因衰竭死亡。病程1～3个月。

三、病理剖检变化

对中毒死亡病例进行尸体剖检，常能为牲畜有毒植物中毒病的诊断提供有价值的线索，因此在剖检时应注意以下几点。

1. 注意观察皮肤、天然孔和可视黏膜有无特殊颜色

比如苍耳、播娘蒿、骆驼蓬等一些具有毒性的有毒植物，牲畜中毒后，主要损害肝脏，剖检时可见皮肤和可视黏膜出现黄疸表现。蒙古扁桃中毒可视黏膜呈现樱桃红色和淡粉红色。

2. 剖开腹腔时注意有无特殊气味

蒙古扁桃中毒当打开胃时有明显的苦杏仁气味。沙葱、碱韭等中毒当打开胃时有特殊的沙葱辛辣气味。

3. 注意详细观察胃内容物的性质

胃内容物的性质与颜色检查对有毒植物中毒病的诊断有特殊意义，仔细检查有助于识别或查出有毒植物的痕迹。如在胃中发现某些有毒植物的叶片、嫩枝、花或果实等，可能为有毒植物中毒的诊断提供直接证据。有毒植物种类不同，其叶片、嫩枝、花或果实的形态有其自身的特点，可帮助人们锁定某种有毒植物。蒙古扁桃中毒瘤胃内有大量蒙古扁桃的幼枝和花；沙葱中毒瘤胃内有大量沙葱枝叶；蒙古虫实中毒瘤胃内有大量蒙古虫实种子等。

4. 观察实质器官有无典型病变或脏器有无出血

大体解剖观察，牲畜多数有毒植物中毒病实质器官无明显特异性病变，仅见尸体极度消瘦，血液稀薄，腹腔内有多量清亮或淡黄色液体。有些病例心脏扩张、心肌柔软，肝脏轻度肿大，肾脏肿大，肺脏肺充血、水肿，胃肠黏膜脱落等。如霸王幼芽中毒剖检可见，内脏不易腐败，瘤胃不臌气，但脏器出血严重。

四、鉴别诊断

应排除李氏杆菌病、脑包虫病、白肌病、铜缺乏病、钴缺乏病等疾病。

第六章

阿拉善有毒有害植物中毒病综合防控

阿拉善荒漠半荒漠草原位于内蒙古的最西部，地处我国干旱半干旱生态脆弱区，草原植被覆盖度低下，可食牧草减少，而有毒有害植物种类增多，导致草原生产力降低。据不完全统计，阿拉善草原有毒有害植物种类有41科106属246种，约占阿拉善草原植物种类的83%，其中有毒植物166种，有害植物80种。目前，对阿拉善草原畜牧业生产造成严重毒性灾害和对草原生态安全构成威胁的主要有毒植物以小花棘豆、变异黄芪和牛心朴子为主，可引起大批牲畜中毒，严重者导致死亡。牲畜有毒植物中毒已成为困扰草原牧民生产和生活的实际问题，应因地制宜地采取防治措施，以预防为主，防重于治。主要采取生态控制、生物防治、日粮控制作为预防措施，以解毒药物作为治疗手段为辅的综合防控技术。

一、相信科学，持之以恒

相信科学，采取综合防控措施，有毒植物是可防可控的。有毒植物不可能越挖越多，很可能是挖的时间不对，如在荚果后期挖，大量的籽掉落和播种没区别。应该在有毒植物的花前期挖，这时有毒植物处在生长初期，根不深，关键是没有形成籽。建议在成功防控有毒植物的牧民的草场上召开有毒植物防控现场会，动员广大牧民相信科学，学习经验，自己动手，防控有毒植物并持之以恒地坚持下去，就一定能成功。

二、生态控制，以草治草，建立人工草库伦

阿拉善从2003年开始实施退牧还草工程，使草原生态得到休养生息。优良牧草面积逐渐扩大，有毒植物蔓延的趋势得到有效控制。将有毒植物的人工挖除和优质灌木牧草的种植结合起来，将项目落实到草场的主人，建设的草库伦为预防牲畜有毒植物中毒的安全区。林草部门既有有毒植物挖除项目，也有灌木种植项目，广大牧民可以在自己的草场上选择一块地种植优质灌木并用围栏围起，建立人工草库伦。

将项目落实到草场的主人，让主人亲自开展草原建设工作。草库伦里要挖除全部的有毒植物，再人工种植柠条、花棒等优质豆科灌木牧草，实现以草治草。促进优质豆科灌木牧草的繁衍，营造种群竞争环境，抑制有毒植物生长。不仅抑制了有毒植物的蔓延，还造成大量有毒植物幼苗死亡。可以向阿左旗额尔克哈什哈苏木学习大量种植花棒，种草养畜，增加牧民收入；也可以向鄂尔多斯市达拉特旗学习大量种植滴灌柠条，建设人工草场，每亩可养羊10多只。也有人说阿左旗缺水，可以选择超格图呼热苏木沙漠里不用一滴水种红柳，也可以学习英雄会路旁边田老师的无水种树，种活了柠条、花棒、胡杨等。只要肯吃苦，办法总比困难多。

建设安全草库伦的好处，一是可以放养中毒的羊。二是靠天养畜靠不住，不如靠自己建设养畜。三是现在是开放的流通的市场，牧民养的羊不用等到秋季才出栏，要四季出栏，人工舍饲成本太高，有了建设性人工草场，将可以出栏的羊放在里面育肥，就可以实现及时出栏。四是植物之间也是相互制约的，特别是有毒植物，其他草长得好它就长不好，因为干旱其他草不长，有毒植物就多。种植优质牧草可以抑制醉马草的生长。五是以前一提草库伦就是种植玉米、苜蓿，这些草是好，但是费水、劳动量太大，每年都需要种收。灌木一代人辛苦，几代人受益，就像一棵小树，只要种活，给点水，真正实现藏草于地。而且豆科植物有个特点，它能固定空气中的氮，土质不缺肥，也不抑制其他牧草。柠条、花棒还有一个特点，越平茬，第二年捣芽越好，长长的枝条牲畜吃不完都要平茬剪掉。同时，此类牧草适口性

好、产量高，适合推广应用。发扬大家种植梭梭的精神，一种就是几千亩上万亩，建设性人工草场不用那么大，根据自己的实际情况有几百亩就可以。

三、因地制宜，实施科学防控

1. 物理防控

在条件许可的情况下，组织牧民群众有计划、有部署、有组织地分片进行人工挖除有毒植物工作，这对防止牲畜误食有毒植物中毒可起到一定预防效果。每年在有毒植物的花前期，也就是从4月份开始挖除，这时有毒植物正处在生长初期，根系较浅、不深，关键是没有形成种籽。牧民可根据自身牧场管理时间，有时间就挖，5月集中剪羊毛时期不挖，6～7月继续挖除有毒植物，每年累计挖除时间约3个月左右。每天能挖除有毒植物幼苗1000～2000棵，挖除深度可达十几厘米，保证主根挖断就可以。虽然每年挖每年有毒植物也在长，但是从持续多年的效果看有毒植物种群明显减少，即使放牧牲畜偶然少量采食也不会引起中毒。

人工挖除有毒植物应有选择、有目的地进行，一是围栏里的草库伦，必须全部挖除，必须确定一个安全草场为安全区。二是根据牧户的实际情况，如人力物力，有选择地挖除，如自家草场东面有毒植物较少，那就主要挖东面，这样更容易实现，确定为有毒植物低密度区；西面草场有毒植物多，有时间就挖，没有就不挖，等到冬天有毒植物干枯后再放牧牲畜，确定为有毒植物高密度区。

也可根据实际情况反其道而行之，将有毒植物高密度区用围栏围封，围栏里的草主要是打草和冬季放牧。有毒植物干枯后毒性减弱，放牧牲畜即使采食，但没有达到中毒剂量，也不引起中毒。再结合人工种植柠条、花棒等优质豆科灌木牧草，使可食牧草种群数量逐年增多，而有毒植物种群数量逐年减少，实现以草治草。

2. 化学防控

在有毒植物分布高密度区可使用除草剂除灭。目前，在我国草原牧区灭除有毒植物主要使用的除草剂有使它隆、迈士通、百草枯、甲磺隆、“灭棘豆”、2,4-滴丁酯、草甘膦等，除草剂的种类不同，其对有毒植物的灭除效果存在差异。虽然除草剂具有见效快、效果好、使用方便等优点，但在实际使用过程中也存在许多缺点，如对周围牧草有杀灭作用；有毒植物种子种皮坚实，渗透性差，除草剂难以对它起作用，次年仍会有大量种子萌发；对人畜有毒性、有药物残留和环境污染等。在草原生态脆弱区禁止使用除草剂灭除有毒植物，但在生态稳定区可以选择性地喷施使它隆、迈士通、百草枯、甲磺隆、“灭棘豆”等开展化学防除，按说明书要求使用。现阶段，在我国草原牧区推荐使用的迈士通除草剂，具有见效快、效果好、使用方便、对其他牧草安全及对人畜低毒等优点。“灭棘豆”是中国科学院寒区旱区环境与工程研究所研制的一种高效、无毒副反应的化学除草剂，使用24小时后，棘豆叶片变黄，杀灭率可达92%。

四、科学划区，合理放牧

可采取在有毒植物危害较严重的草场采用围栏轮牧，不仅可以有效地控制有毒植物蔓延，还能使草场得到有效休整。有些牧民在有毒植物低密度区域建立有毒植物安全区，通过在有毒植物区和无有毒植物区间轮牧，不仅可以明显减少或消除有毒植物毒性成分在动物体内的蓄积，同时又能充分利用有毒植物，在一定程度上限制了有毒植物的蔓延，维护了草原的生态平衡。牲畜在生长有毒植物草地放牧15～20天，在未出现中毒症状前，转移到无有毒植物的草地放牧20～30天，依次交替放牧，既可利用有毒植物资源，又可防止牲畜中毒。

严格控制载畜量，要根据不同的生态环境和草地状况确定合理牲畜数量，加大牲畜的出栏量，严禁超载过牧，维持生态平衡。有毒植物春季返青早，秋季枯萎晚，甚至有些地区冬季有毒植物还会重新发芽生长。此时放牧动物常因贪食青绿有毒植物造成中毒，因此这时应尽量减少放牧。在早春和秋末，应选择有毒植物发生轻微或无有毒植物的区域放牧。

五、预防为主，防治结合

1．自然康复

自然康复是指牲畜中毒后，不给予药物治疗，将中毒牲畜隔离并饲喂可食牧草和补充充足饮水，使牲畜恢复健康的一种康复办法。自然康复必须把握好时机，越早越好，在牲畜出现轻度中毒症状后及时隔离，饲喂其他可食牧草，恢复的效果也最好。小花棘豆、甘肃棘豆、黄花棘豆等疯草类有毒植物牲畜中毒自然康复试验研究表明，在饲喂优质牧草25天左右，动物组织中的苦马豆素便会清除，由此造成的组织损伤也会自行修复完全。所有供试山羊中毒症状全部消失，采食、饮水等行为完全恢复正常。自然康复成本最低，防治效果可达100%，而且畜产品安全。应积极倡导草就是药，而且是良药，种草就是种药的新观点，可鼓励牧民结合自身实际，发展人工草地，补播苜蓿、燕麦草等优质牧草，刈割风干后储存，以备康复牲畜使用。对于中度或重度中毒牲畜，毒素对牲畜的中枢神经系统造成不可逆损伤，整个行为发生紊乱，站立、行走、采食行为都很难完成，往往卧地不起，逐渐消瘦，采取自然康复往往成功率不高。此外，一旦畜群中有牛、羊开始采食有毒植物时，其他牛、羊也会尝试着采食，而且采食量会更大。因此在放牧牲畜中若发现有采食有毒植物的个体时，应及时隔离，不仅能使中毒个体慢慢康复，还可以有效避免其他牲畜摄食有毒植物。

2. 药物预防

如果遇到干旱年份，或发现草原上有毒植物种群密度高，且分布面积大，存在牲畜中毒风险时，就应提前采取药物预防。目前，在我国草原牧区，采用药物预防牲畜疯草类有毒植物中毒已取得显著的预防效果，常用的预防药物有“疯草灵”解毒散和缓释丸2种。具体做法是在牲畜刚开始吃有毒植物时就用预防性解毒散，每只羊每天1克，隔1天用1次，连续用药3～5个月，坚持度过疯草中毒季节。该散剂的主要成分是锌、铁、铜等微量元素，容易发生沉淀，长时间暴露空气可能会氧化变质，影响药效。因此，使用时要充分搅匀，等待喝完后再加水；如有剩余要清槽；不要用铁槽，否则容易发生化学反应。也可以采用疯草灵解毒缓释丸预防，每年12月进行第一次投喂，每次投喂2丸，次年3月再进行第二次投喂1丸，可确保全年不发生有毒植物中毒。

3. 药物治疗

在草原牧区对于没有采取预防性措施，而已经发生放牧牲畜有毒植物中毒的病畜，可采取一般解毒措施进行治疗。目前，牲畜有毒植物中毒尚无特效治疗药物。因此，建议从牧户中集中收集有毒植物中毒牲畜，根据中毒病畜病情的严重程度，分为轻度、中度和重度3种类型，分别采取救治措施进行治疗。治愈康复后，再返回牧户，并给予优质饲草和充足饮水（切忌不能再次采食毒草），待育肥后进行销售。一定要做到早发现、早治疗，轻度或中度中毒牲畜只要及时采取救治，治愈率可达90%以上。

药物救治措施主要是保肝、利尿、解毒等。可用5%葡萄糖生理盐水注射液、25%葡萄糖注射液、10%硫代硫酸钠注射液、10%维生素C注射液、5%维生素B_1注射液和2%肝泰乐注射液配合，静脉注射。没有静脉注射条件时，可用10%硫代硫酸钠注射液、10%维生素C注射液、5%维生素B_1注射液和2%肝泰乐注射液配合，肌肉注射。中药复方芪草汤，黄芪、甘草、党参、何首乌、丹参各30克，大枣10枚，加水500毫升，文火煎煮0.5小时后过滤去渣，候温一次灌服或让其自行饮服。也可用甘草300克，绿豆1000克，加水5000毫升，熬成汤灌服，每天1次。疗程：轻度中毒连用3～5天，中度中毒连用5～7天，重度中毒无治疗价值，建议及时淘汰。

六、变废为宝，开发利用

有毒有害植物大量滋生和蔓延是草原退化的重要标志，也是草原植被的自我修复，更是天然草原生态群落的重要组成部分。与其他植物物种相比，有毒有害植物具有抗旱、抗寒、抗病虫害、耐风沙、耐贫瘠、生命力强、具观赏价值等特性，在防风固沙、防止水土流失、保护草原植被等方面发挥着重要生态学作用。在草原植物群落中，有毒有害植物并不是可有可无的种群，有自己的生态地位，以自己的存在影响群落中其他植物种群，又被其他植物种群所影响，共同维护生态群落的稳定。因此，应科学定位草原有毒有害植物的“利与害”，树立“变害为利，变废为宝”思想，立足生态保护优先与适度开发利用并重，综合防控有毒有害植物灾害的发生。

1. 饲草化利用

有些有毒有害植物营养丰富，是一种潜在的牧草资源，可通过控制日粮添加剂量、脱毒或青贮后直接饲喂，以发挥其饲草化利用价值。如阿左旗荒漠草原广泛分布的变异黄芪、小花棘豆、苦豆子等有毒有害植物，都是豆科植物，蛋白质含量和苜蓿相当。花前期营养最丰富，毒性最小，挖除时间可选择在花前期，集中收集后可以青贮或做颗粒饲料，变废为宝。

青贮利用：小花棘豆和变异黄芪蛋白质含量高达14%～15%，与苜蓿的蛋白质相当，是一种具有开发利用价值的牧草资源。将小花棘豆或变异黄芪粉碎成0.5～0.8厘米的小段，用80%青贮玉米，配比20%小花棘豆或变异黄芪，进行袋青贮，密封青贮60天左右。通过青贮发酵处理，小花棘豆或变异黄芪所含的有毒物质被微生物利用或降解，达到脱毒目的。

制成颗粒饲料：将小花棘豆或变异黄芪在花前期刈割、风干，按10%的比例制成颗粒饲料，控制饲喂量间歇饲喂。由于在正常牧草中变异黄芪比例低于10%时，不会引起牲畜中毒，同时可有效利用变异黄芪中的高蛋白质，从而达到了合理利用的目的。

2. 药源植物利用

有些有毒有害植物属于药用植物，可有计划地开发其药用价值。如牛心朴子、披针叶黄华、苦豆子、小花棘豆等有效成分有很强的抗肿瘤、杀菌、抗病毒、杀虫、提高免疫力等药理活性，可开发其药用价值。

3. 植物源农药利用

有些有毒有害植物含有杀虫或杀菌活性物质，是植物源杀虫剂的重要来源。如牛心朴子、苦豆子、披针叶黄华、苍耳等提取物，可开发为植物源性农药，杀灭农作物或果蔬病虫害。

4. 其他用途

有些有毒有害植物可作为防风固沙植物或蜜源植物，如阿左旗分布的牛心朴子、苦豆子、披针叶黄华、沙冬青等，不仅是很好的防风固沙先锋植物，也是发展地方特色经济的蜜源植物；有些有毒有害植物外观很美丽，可作为草原景观植物，发展草原生态旅游业，如阿左旗分布的刺叶柄棘豆、马莲、沙冬青、蒙古扁桃、锦鸡儿等，花期花色艳丽迷人，具有很高的观赏价值。

第七章

阿拉善草原有毒有害植物图谱

一、常见有毒有害植物图谱（22种）

小花棘豆植株和花

变异黄芪植株和群落

牛心朴子植株和群落

苦豆子花和荚果

披针叶黄华花和群落

蒙古扁桃花和果实

蒙古虫实植株和群落

沙冬青花和群落

醉马芨芨草植株和群落

蒺藜植株和果实

草麻黄植株和群落

苍耳植株和群落

霸王植株和花

播娘蒿植株和群落

沙葱花和植株

碱韭花和植株

合头草花和植株

芦苇幼苗和群落

沙鞭羽毛和生境

沙蒿植株和生境

锁阳植株和群落

白刺花和生境

二、其他有毒植物图谱（38种）

麻叶荨麻植株和生境

耧斗菜和短尾铁线莲生境

芹叶铁线莲花和生境

黄花铁线莲花和生境

大瓣铁线莲叶、果实和生境

甘青铁线莲叶、花和植株

白蓝翠雀叶和植株

角茴香和独行菜

宽苞棘豆荚果和植株

苦马豆花和群落

骆驼蓬花和群落

宽叶独行菜和遏蓝菜

蓖麻花和植株

地锦和达乌里龙胆

杠柳叶、花和生境

圆叶牵牛和细叶益母草

薄荷叶、花和生境

曼陀罗花和果实

天仙子花和生境

龙葵花和生境

青杞花和生境

亚洲百里香和疗齿草

藓生马先蒿和红纹马先蒿

蓼子朴花和植株

射干叶和生境

马蔺花和植株

刺槐花和植株

山杏叶和植株

哈密黄芪花和荚果

黄精植株和果实

了墩黄芪单株和生境

三、其他有害植物图谱（18种）

沙蓬植株和生境

绵刺植株和群落

黄刺玫花和植株

中间锦鸡儿花和植株

柠条锦鸡儿花和群落

骆驼刺花和群落

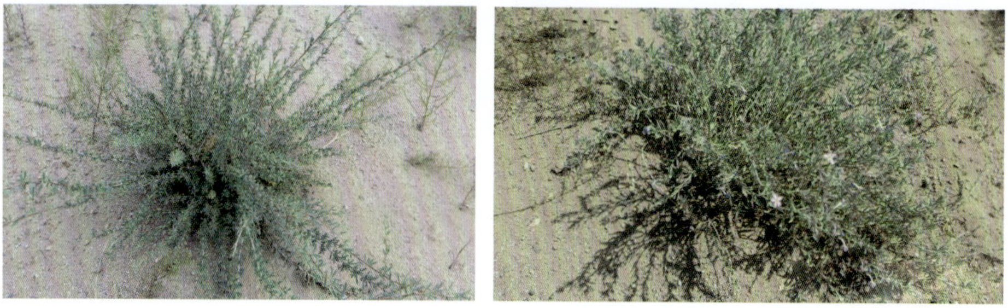

狭叶锦鸡儿和狼紫草

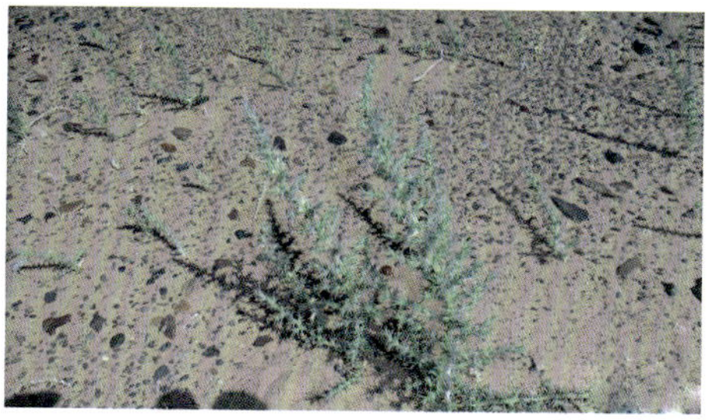

阿拉善单刺蓬植株和生境

刺叶柄棘豆花和植株

沙枣花和植株

刺旋花花和植株

黄花软紫草花和植株

黑果枸杞果实和植株

大刺儿菜花和群落

砂蓝刺头花和植株

胃菊花和植株

鹤虱花和植株

附　录　阿拉善有毒有害植物中文学名、拉丁名与蒙古文名对照表

阿拉善有毒有害植物中文学名、拉丁名与蒙古文名对照表

序号	中文学名	拉丁名	蒙古文名
1	阿拉善单刺蓬	*Cornulaca alaschanica*	[illegible]
2	霸王	*Zygophyllum xanthoxylon*	[illegible]
3	白刺	*Nitraria tangutorum*	[illegible]
4	白蓝翠雀花	*Delphinium albocoeruleum*	[illegible]
5	薄荷	*Ricinus communis*	[illegible]
6	蓖麻	*Ricinus communis*	[illegible]
7	变异黄芪	*Astragalus variabilis*	[illegible]
8	播娘蒿	*Descurainia sophia*	[illegible]
9	苍耳	*Xanthium sibiricum*	[illegible]
10	草麻黄	*Ephedra sinica*	[illegible]
11	刺槐	*Robinia pseudoacacia*	[illegible]
12	刺旋花	*Convolvulus tragacanthoides*	[illegible]
13	刺叶柄棘豆	*Oxytropis aciphylla*	[illegible]
14	达乌里龙胆	*Gentiana dahurica*	[illegible]

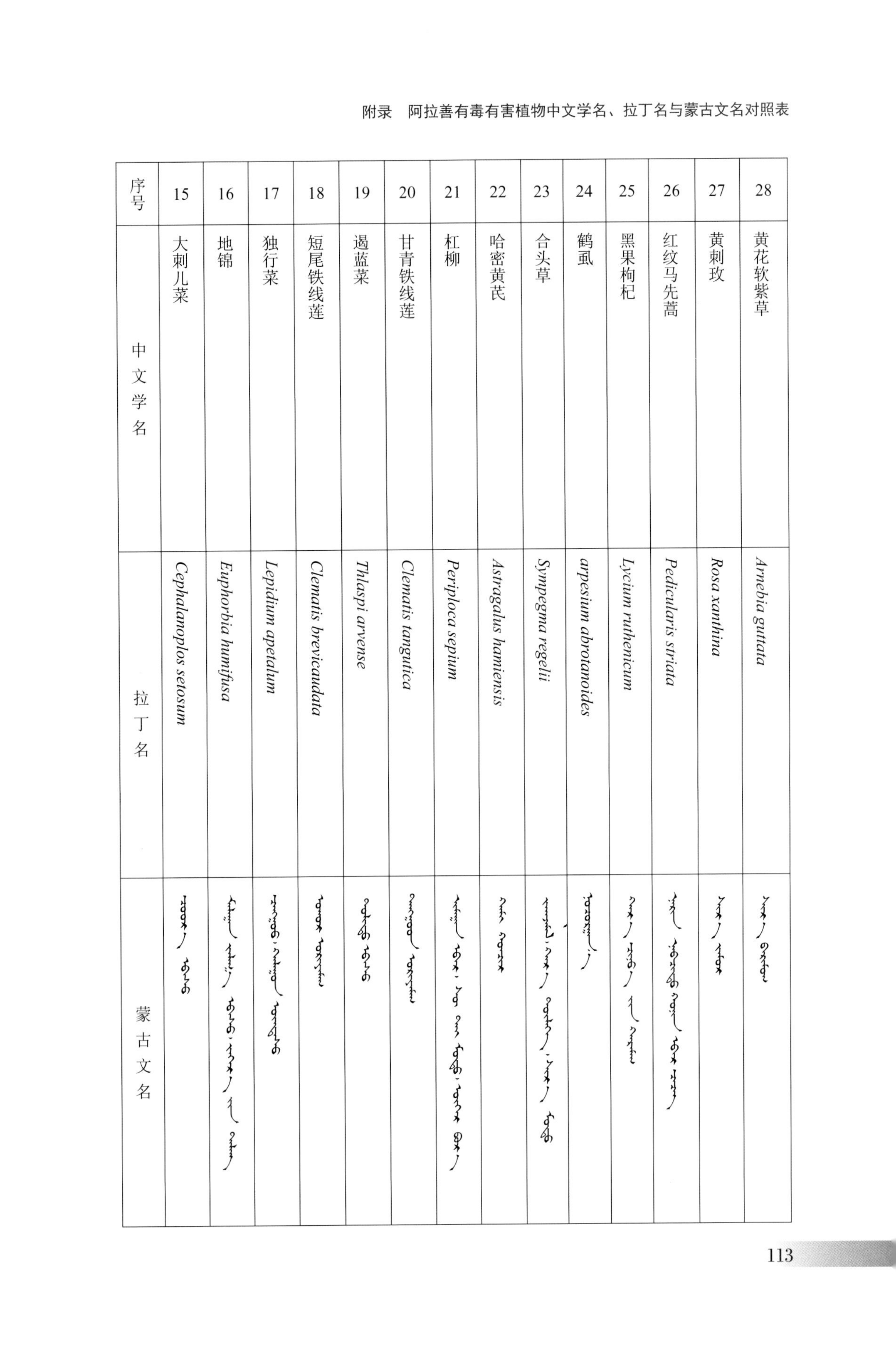

序号	中文学名	拉丁名	蒙古文名
15	大刺儿菜	*Cephalanoplos setosum*	[illegible]
16	地锦	*Euphorbia humifusa*	[illegible]
17	独行菜	*Lepidium apetalum*	[illegible]
18	短尾铁线莲	*Clematis brevicaudata*	[illegible]
19	遏蓝菜	*Thlaspi arvense*	[illegible]
20	甘青铁线莲	*Clematis tangutica*	[illegible]
21	杠柳	*Periploca sepium*	[illegible]
22	哈密黄芪	*Astragalus hamiensis*	[illegible]
23	合头草	*Sympegma regelii*	[illegible]
24	鹤虱	*arpesium abrotanoides*	[illegible]
25	黑果枸杞	*Lycium ruthenicum*	[illegible]
26	红纹马先蒿	*Pedicularis striata*	[illegible]
27	黄刺玫	*Rosa xanthina*	[illegible]
28	黄花软紫草	*Arnebia guttata*	[illegible]

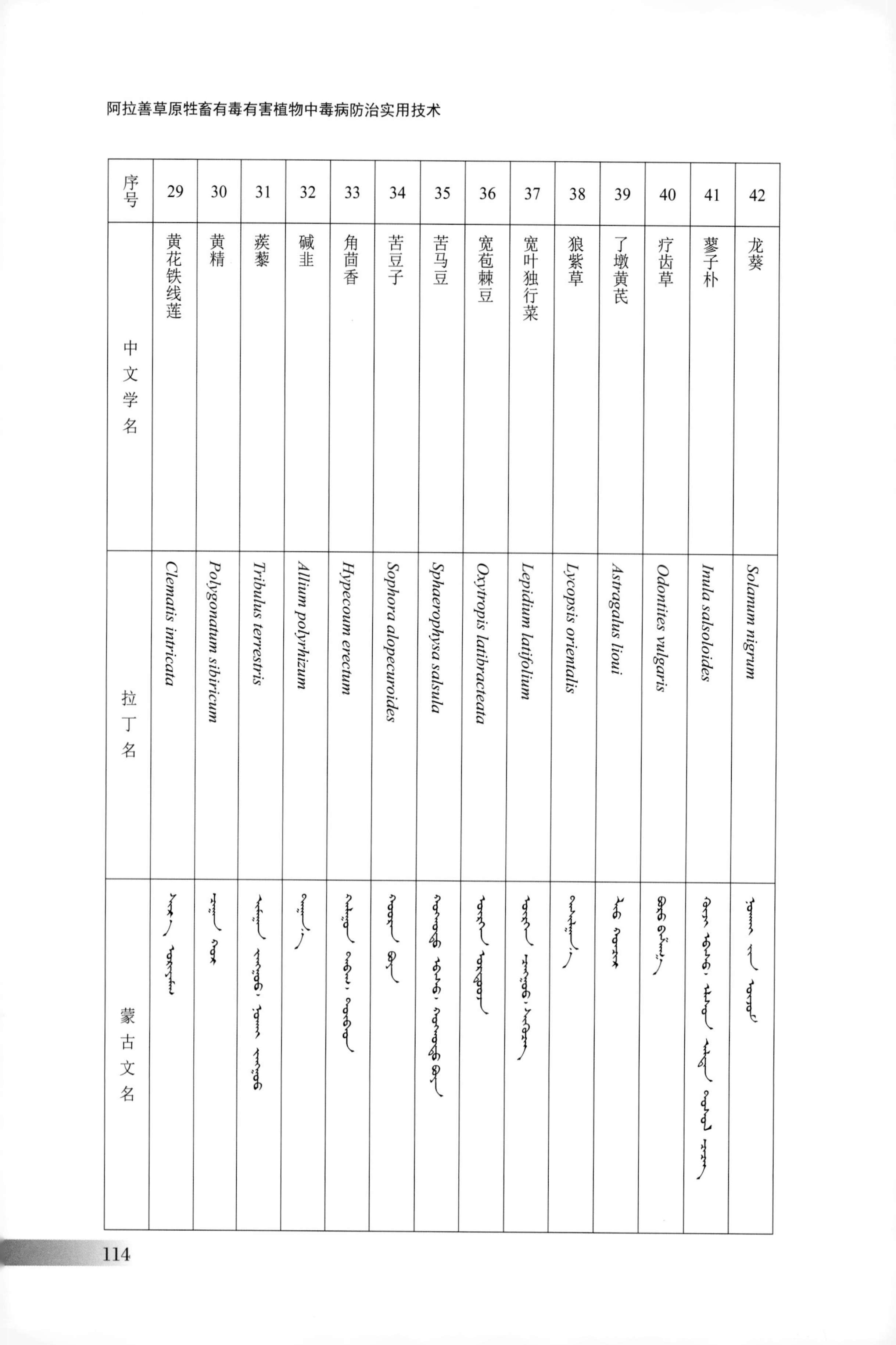

序号	中文学名	拉丁名	蒙古文名
29	黄花铁线莲	*Clematis intricata*	[illegible]
30	黄精	*Polygonatum sibiricum*	[illegible]
31	蒺藜	*Tribulus terrestris*	[illegible]
32	碱韭	*Allium polyrhizum*	[illegible]
33	角茴香	*Hypecoum erectum*	[illegible]
34	苦豆子	*Sophora alopecuroides*	[illegible]
35	苦马豆	*Sphaerophysa salsula*	[illegible]
36	宽苞棘豆	*Oxytropis latibracteata*	[illegible]
37	宽叶独行菜	*Lepidium latifolium*	[illegible]
38	狼紫草	*Lycopsis orientalis*	[illegible]
39	了墩黄芪	*Astragalus lioui*	[illegible]
40	疗齿草	*Odontites vulgaris*	[illegible]
41	蓼子朴	*Inula salsoloides*	[illegible]
42	龙葵	*Solanum nigrum*	[illegible]

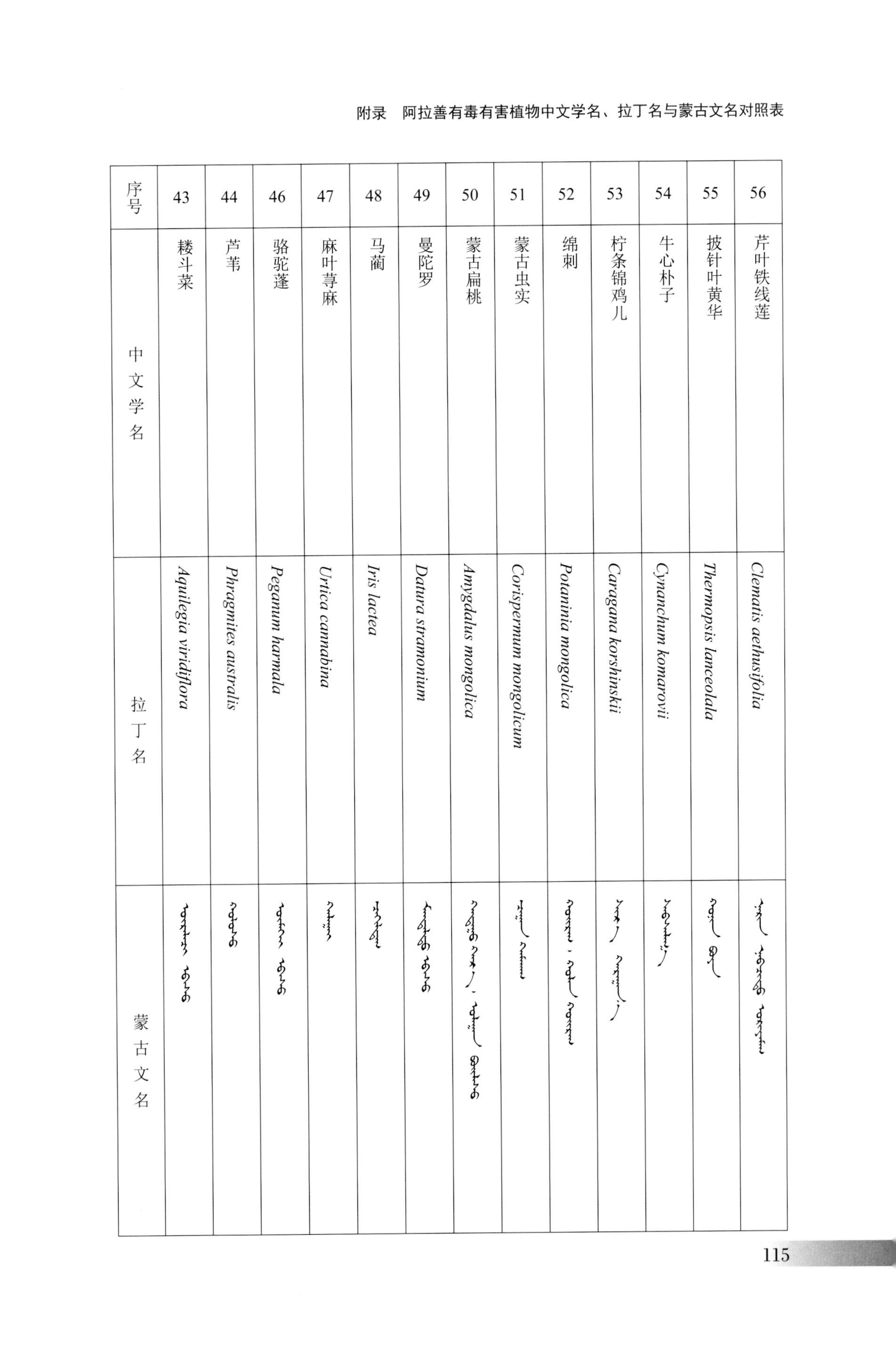

序号	中文学名	拉丁名	蒙古文名
43	耧斗菜	*Aquilegia viridiflora*	[illegible]
44	芦苇	*Phragmites australis*	[illegible]
46	骆驼蓬	*Peganum harmala*	[illegible]
47	麻叶荨麻	*Urtica cannabina*	[illegible]
48	马蔺	*Iris lactea*	[illegible]
49	曼陀罗	*Datura stramonium*	[illegible]
50	蒙古扁桃	*Amygdalus mongolica*	[illegible]
51	蒙古虫实	*Corispermum mongolicum*	[illegible]
52	绵刺	*Potaninia mongolica*	[illegible]
53	柠条锦鸡儿	*Caragana korshinskii*	[illegible]
54	牛心朴子	*Cynanchum komarovii*	[illegible]
55	披针叶黄华	*Thermopsis lanceolala*	[illegible]
56	芹叶铁线莲	*Clematis aethusifolia*	[illegible]

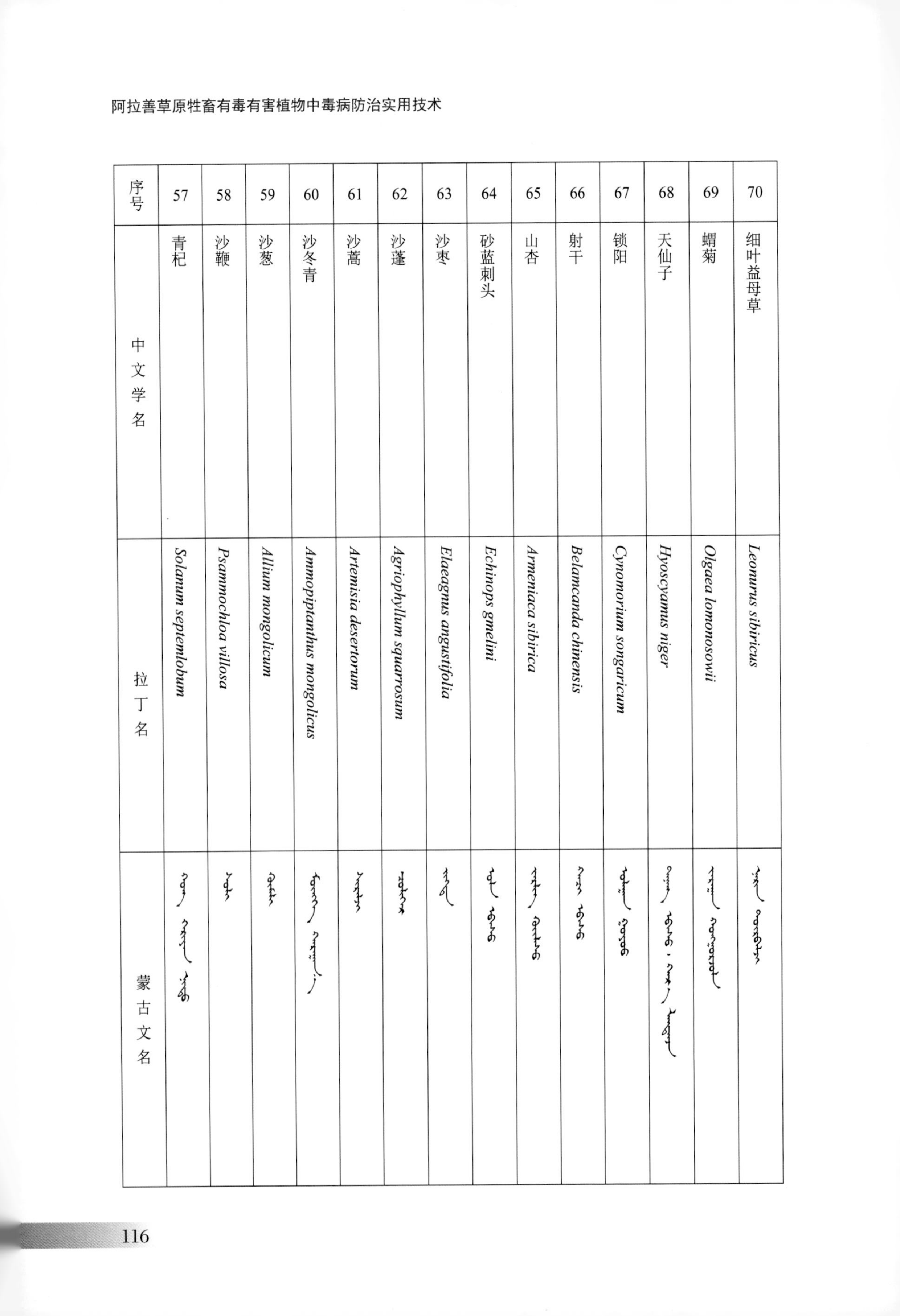

序号	中文学名	拉丁名	蒙古文名
57	青杞	*Solanum septemlobum*	[illegible]
58	沙鞭	*Psammochloa villosa*	[illegible]
59	沙葱	*Allium mongolicum*	[illegible]
60	沙冬青	*Ammopiptanthus mongolicus*	[illegible]
61	沙蒿	*Artemisia desertorum*	[illegible]
62	沙蓬	*Agriophyllum squarrosum*	[illegible]
63	沙枣	*Elaeagnus angustifolia*	[illegible]
64	砂蓝刺头	*Echinops gmelini*	[illegible]
65	山杏	*Armeniaca sibirica*	[illegible]
66	射干	*Belamcanda chinensis*	[illegible]
67	锁阳	*Cynomorium songaricum*	[illegible]
68	天仙子	*Hyoscyamus niger*	[illegible]
69	蝟菊	*Olgaea lomonosowii*	[illegible]
70	细叶益母草	*Leonurus sibiricus*	[illegible]

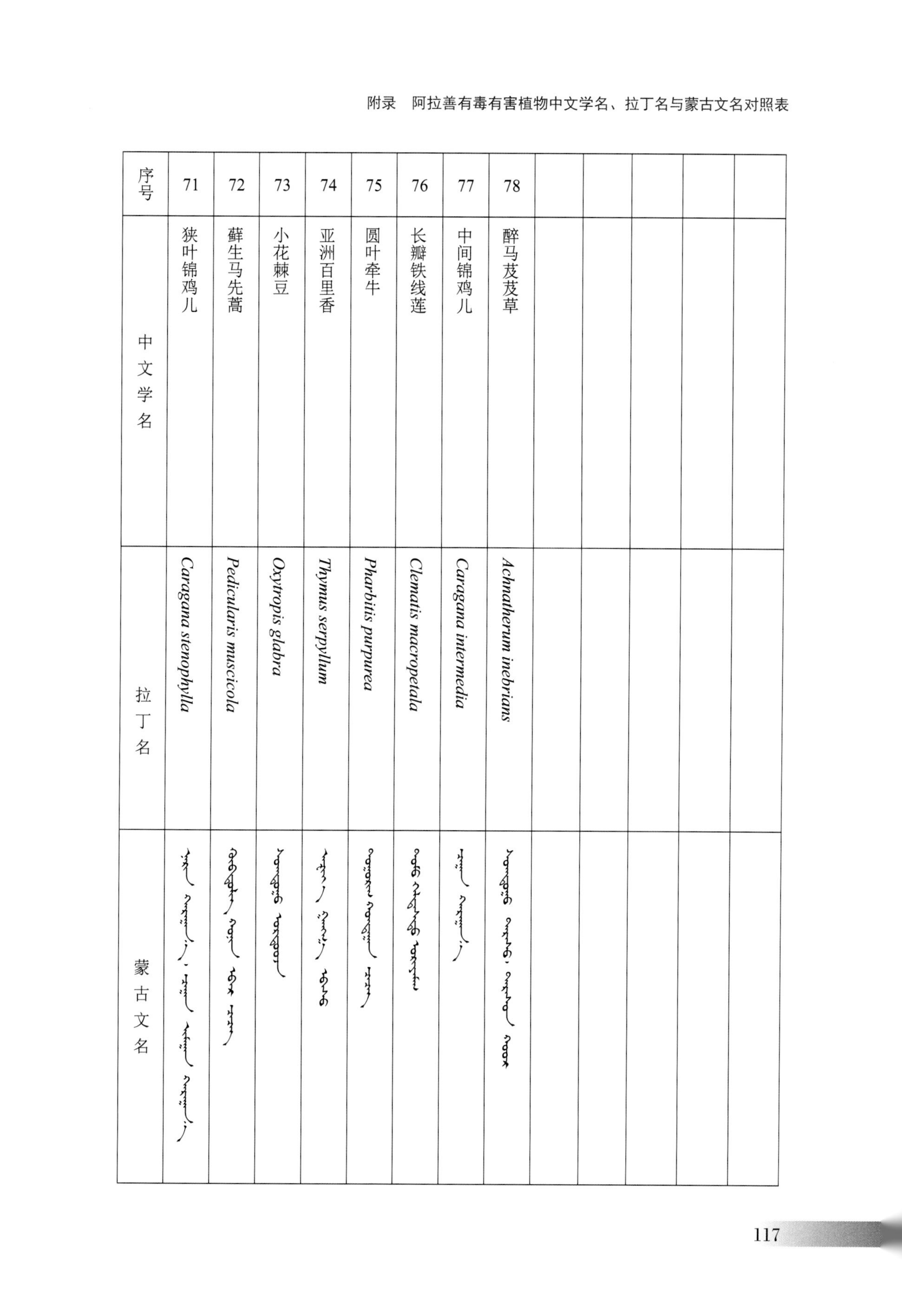

序号	中文学名	拉丁名	蒙古文名
71	狭叶锦鸡儿	*Caragana stenophylla*	[illegible]
72	藓生马先蒿	*Pedicularis muscicola*	[illegible]
73	小花棘豆	*Oxytropis glabra*	[illegible]
74	亚洲百里香	*Thymus serpyllum*	[illegible]
75	圆叶牵牛	*Pharbitis purpurea*	[illegible]
76	长瓣铁线莲	*Clematis macropetala*	[illegible]
77	中间锦鸡儿	*Caragana intermedia*	[illegible]
78	醉马芨芨草	*Achnatherum inebrians*	[illegible]

参考文献

[1] 内蒙古植物志编写组. 内蒙古植物志[M].呼和浩特：内蒙古人民出版社，1977.

[2] 中国科学院兰州沙漠研究所. 中国沙漠植物志[M].北京：科学出版社，1987.

[3] 傅坤俊. 黄土高原植物志第2卷[M].北京：科学出版社，2000.

[4] 中国科学院中国植物志编辑委员会. 中国植物志第42卷第1分册豆科[M].北京：科学出版社，2006.

[5] 达能太，李国中. 动物中毒病防治手册[M].银川：阳光出版社，2015.

[6] 史志诚，尉亚辉. 中国草地重要有毒植物[M].北京：中国农业出版社，2016.

[7] 达能太，李国中. 阿拉善荒漠草原有毒有害植物研究[M].银川：阳光出版社，2016.

[8] 达能太，李国中. 阿拉善动物疾病研究[M].银川：阳光出版社，2016.

[9] 赵宝玉，莫重辉. 天然草原牲畜毒害草中毒防治技术[M].杨凌：西北农林科技大学出版社，2017.

[10] 刘建枝，赵宝玉，王保海. 中国西部天然草地疯草概论[M].北京：科学出版社，2018.

[11] 陈善科，萨仁. 阿拉善盟荒漠草场毒草分布及其危害现状的调查[J].中国草地，1992（3）：60-62.

[12] 马海波，仲春莲. 阿拉善天然草地有毒植物[J].草业科学，1996，（6）：49-52.

[13] 哈斯巴图，达能太，娜日苏，等. 变异黄芪中毒病及其生物碱分析[J].动物医学进展，2002（5）：107-108.

[14] 董强，赵宝玉，童德文，等. 阿拉善左旗天然草地毒草调查[J].草业科学，2003，20（6）：50-53.

[15] 张有辉，潘发利，杨万科，等. 巴彦洪格日苏木羊变异黄芪中毒病的调查及防治[J].动物医学进展，2005（4）：118.

[16] 朱永旺，杨玉珍，乔秉清，等. 阿拉善左旗兽医工作站站史与畜禽疫病流行防治概况（1950—1989，内部资料）.

[17] 李国中，达能太. 阿拉善左旗兽医工作站站史与动物疫病史续集概况（1990—2016，内部资料）.

[18] 哈斯巴图. 兽医科技论文集（2003，内部资料）.